高等职业教育产教融合新形态创新教材

精馏操作虚拟仿真实训

主　编　张　伟
副主编　张国伟　田　顺

北京希望电子出版社
Beijing Hope Electronic Press
www.bhp.com.cn

内 容 简 介

本书为化工精馏操作虚拟仿真实训教材。全书使用“项目+任务”的编写方法，共分为4个项目：项目一为理论基础，介绍精馏操作的过程分析、工艺流程、工艺参数等入门知识；项目二介绍化工虚拟仿真技术的基础知识和仿真软件的使用；项目三和项目四分别介绍单塔精馏单元（大赛版）和双塔精馏单元（大赛版）仿真软件的工艺流程、关键参数等理论知识，并采用“任务实施、情景训练”的方式配以仿真实操。本书在编写中本着以应用为目的、理论够用的原则，用工作任务引领专业知识，使学生在完成任务的过程中掌握知识和技能。本书在编写中还编入了“学习诊断”自测题，以便学生自检学习效果。

本书可作为高等职业院校化工类及相关专业的教材，也可作为从事化工生产的技术人员和职工培训的参考用书。

图书在版编目（CIP）数据

精馏操作虚拟仿真实训 / 张伟主编. -- 北京 : 北京希望电子出版社, 2024.5（2025.4 重印）

ISBN 978-7-83002-865-7

Ⅰ. ①精… Ⅱ. ①张… Ⅲ. ①精馏－化工单元操作－计算机仿真－教材 Ⅳ. ①TQ028.3

中国国家版本馆 CIP 数据核字(2024)第 096976 号

出版：北京希望电子出版社

地址：北京市海淀区中关村大街 22 号
中科大厦 A 座 10 层

邮编：100190

网址：www.bhp.com.cn

电话：010-82620818（总机）转发行部
010-82626237（邮购）

传真：010-62543892

经销：各地新华书店

封面：汉字风

编辑：付寒冰

校对：龙景楠

开本：787 mm × 1 092 mm　1/16

印张：11.5

字数：272 千字

印刷：北京市密东印刷有限公司

版次：2025 年 4 月 1 版 3 次印刷

定价：42.00 元

前言

在石化行业的绿色转型与智能化升级进程中，两化融合不仅成为推动产业革新的关键力量，也对化工技术技能型人才的培养模式提出了全新的挑战与需求。面对这一行业变革，精馏技术作为化工分离领域的基石，其重要性与日俱增。据统计，约有60%的化工、石化产品通过精馏过程产出，这意味着精馏不仅关乎产品的产量与质量，还直接影响着能源效率及原材料的利用效率。因此，掌握精馏操作与控制的专业技能，对于确保生产安全、提升工艺效能至关重要。

针对化工实训教育面临的“三高三难”困境——即高投入成本、高技术难度、高安全风险以及实践操作难、观察学习难、情景复现难，我们特别推出了《精馏操作虚拟仿真实训》活页式教材。该教材采用了开放式结构设计，内容丰富，图文结合，直观地呈现了精馏技术的核心知识点。另外，对于理论难点、设备原理、工艺流程等复杂内容，我们引入了微课视频、动态演示与模拟等多媒体资源，只需扫描书中相应的二维码，即可随时随地展开学习。

本教材的编撰工作由克拉玛依职业技术学院的张伟副教授牵头，联合张国伟、田顺等专家共同完成，另有徐雪松、宋相玉、安英、程婷婷、郝梦琪等多位学者积极参与，张伟副教授负责全书的统稿工作。尽管团队倾尽全力，力求内容精准无误，但鉴于个人认知的局限，书中可能仍存有疏漏，诚挚欢迎各界同仁及读者朋友提出宝贵意见，帮助我们不断完善与提升。

编　者

2023年10月

目录

项目一　精馏操作理论基础

项目二　化工虚拟仿真技术与仿真软件的使用

项目三　单塔精馏虚拟仿真操作实训

项目四　双塔精馏虚拟仿真操作

项目一　精馏操作理论基础

化工生产中所处理的原料、中间产物、粗产品等几乎都是混合物，而且大部分是均相物系。为进一步加工和使用，常常需要将这些混合物进行分离，以实现产品的提纯和精制或原料的回收，来满足生产工艺要求或产品质量要求。蒸馏是分离均相液体混合物的典型化工单元操作，它通过加热形成气液两相体系，利用混合液中各组分挥发性的不同而达到分离的目的。

众所周知，液体均具有挥发的能力，但不同液体在一定温度下的挥发能力各不相同。例如，在一定温度下，乙醇比水挥发得快。如果在一定压力下，对乙醇和水的混合液进行加热，使之部分汽化，因乙醇的沸点低，易于汽化，故在产生的蒸气中，乙醇的含量将高于原混合液中乙醇的含量。若将汽化的蒸气全部冷凝，便可获得乙醇含量高于原混合液的产品，使乙醇和水得到某种程度的分离。

化工生产中对均相液体混合物进行分离的方法有很多，其中，蒸馏操作是最为常见的一种分离方法，将气体混合物冷凝或固体混合物液化后也可以采用蒸馏的方法分离。例如，将原油蒸馏可得到汽油、煤油、柴油及重油；将液态空气蒸馏可得到纯态的液氧和液氮；将石油化工生产中各种烃类及其衍生物进行蒸馏可以分类提纯等。

蒸馏不仅在化学工业中有着广泛应用，在冶金、能源、食品、医药等工业领域也较常见。精馏作为工业生产中用以获得高纯组分的一种蒸馏方式，应用极为广泛。本项目重点介绍精馏操作。

任务1 精馏操作入门知识

学习目标

知识目标

- 了解蒸馏基本概念及在化工生产中的应用。
- 了解简单蒸馏和平衡蒸馏过程。
- 熟悉精馏的分类及其特点。
- 掌握精馏流程。

能力目标

- 认识精馏流程中的主要设备。
- 能够正确绘制和叙述连续精馏的基本流程。

一、概述

自然界中存在的物料绝大多数是混合物，由化学合成的产物也基本上是混合物，在化工生产中所处理的原料、中间产物、粗产品等几乎都是由若干组分所组成的混合物，且绝大部分是均相物系，这些混合物有的可以直接利用，有的需经分离提纯才可以利用。将混合物通入特定的分离装置，选择合适的分离方式，在一定的温度和压力下可分离出所需要的产品。

化工生产常需进行液体混合物的分离以达到提纯或回收有用组分的目的。蒸馏是分离液体混合物最早实现工业化的典型单元操作，已经被广泛应用了200余年，目前仍然是工业生产中的首选分离方法。

为什么蒸馏能够分离液体混合物？下面通过某芳烃精馏的生产案例做进一步的说明。

二、生产案例（芳烃精馏）

在生产芳烃的催化重整装置中，由溶剂抽提所得的混合芳烃中含有苯、甲苯、二甲苯、乙苯及少量较重的芳烃，将混合芳烃通过精馏的方法分离成高纯度的单体芳烃，这一过程称为芳烃精馏。催化重整装置—芳烃精馏过程的工艺流程（三塔流程）如图1-1所示。

混合芳烃经预热送入苯塔精馏，塔顶侧线出苯，塔底物料送入甲苯塔精馏，甲苯塔塔顶出甲苯，塔底物料送入二甲苯塔精馏，二甲苯塔塔顶出二甲苯，塔底为重芳烃（汽油馏分）。通过精馏，分离出的芳烃的纯度为苯99.9%、甲苯99.0%、二甲苯96%，二甲苯还需要进一步分离。

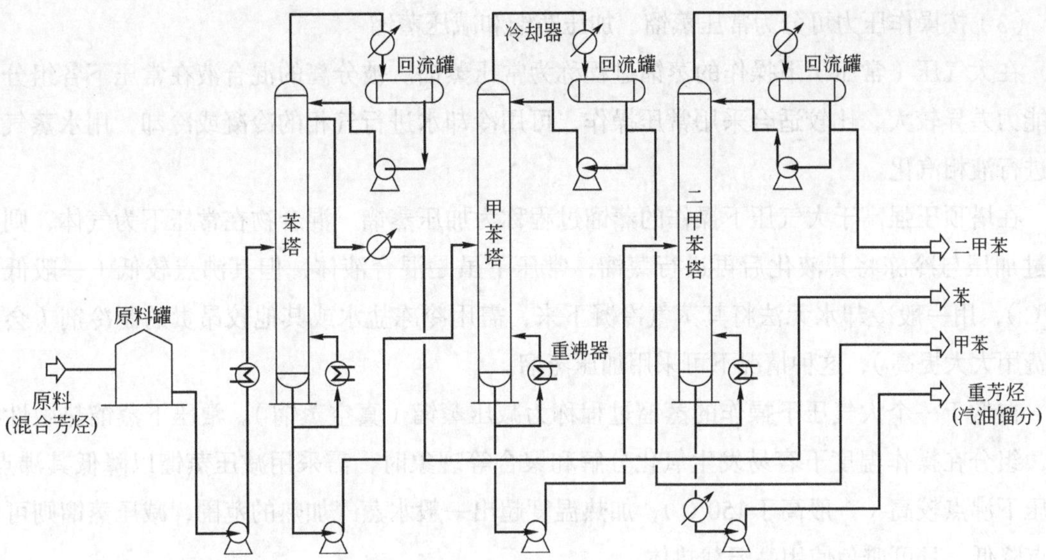

图1–1　催化重整装置—芳烃精馏过程的工艺流程（三塔流程）

三、蒸馏及精馏

1. 蒸馏技术

蒸馏是分离均相液体混合物的典型单元操作，这种操作是利用液体混合物中各组分挥发能力的差异或沸点的不同而使各组分得到分离的。

众所周知，液体均具有挥发成为蒸气的能力，但不同液体在一定温度下的挥发能力却各不相同。例如，将一瓶酒精（乙醇）和一瓶水同时置于一定温度之下，瓶中的酒精就比水挥发得要快。如果在容器中将低浓度乙醇和水的混合液进行加热使之部分汽化，由于乙醇的挥发能力高于水（乙醇的沸点比水低），乙醇比水更容易从液相中汽化出来，若将汽化后产生的蒸气全部冷凝，便可获得乙醇浓度较原来高的冷凝液，从而使乙醇和水得到初步的分离。

在混合物中，通常将其中挥发能力强的组分（即沸点低的组分）称为易挥发组分或轻组分，而把挥发能力弱的组分（即沸点高的组分）称为难挥发组分或重组分。

2. 蒸馏操作的分类

蒸馏操作在工业上有多种分类方法。

（1）按蒸馏方法可分为平衡蒸馏（闪蒸）、简单蒸馏、精馏和特殊精馏

对于较易分离的物系或对分离要求不高时，可采用平衡蒸馏或简单蒸馏；对原料较难分离，且对分离要求高，希望得到高纯度的产品时，可采用精馏；对于原料很难分离或用普通精馏方法不能分离的应采用特殊精馏方法，如萃取精馏、恒沸精馏等。工业上以精馏的应用最为广泛。

（2）按操作流程可分为间歇精馏和连续精馏

间歇精馏的操作设备简单、处理量小、生产不连续，主要应用于小规模、多品种或某些有特殊要求的场合；连续精馏的生产过程连续进行，处理量大，质量稳定，便于自动化控制。工业生产中多以连续精馏为主。

（3）按操作压力可分为常压蒸馏、加压蒸馏和减压蒸馏

在大气压（常压）下操作的蒸馏过程称为常压蒸馏。被分离的混合液在常压下各组分挥发能力差异较大，比较适合采用常压操作，可用冷却水进行气相的冷凝或冷却，用水蒸气加热进行液相汽化。

在塔顶压强高于大气压下操作的蒸馏过程称为加压蒸馏。混合物在常压下为气体，则可通过加压与冷冻将其液化后再进行蒸馏；常压下虽是混合液体，但其沸点较低（一般低于30℃），用一般冷却水无法将其蒸气冷凝下来，需用冷冻盐水或其他较昂贵的制冷剂（会导致费用大大提高），这种情况下可采用加压蒸馏。

在低于一个大气压下操作的蒸馏过程称为减压蒸馏（真空蒸馏）。常压下蒸馏热敏性物料，组分在操作温度下容易发生氧化分解和聚合等现象时，需采用减压蒸馏以降低其沸点；常压下沸点较高（一般高于150℃），加热温度超出一般水蒸气加热的范围，减压蒸馏则可使沸点降低，且可避免使用高温载热体。

（4）按被分离混合物中组分的数目可分为两组分精馏和多组分精馏

工业生产中以多组分精馏为常见，但多组分和两组分精馏的基本原理、计算原则均无本质区别。因两组分精馏的计算比较简单，故常以两组分溶液的精馏原理为基础，然后引申用于多组分精馏过程中。

蒸馏操作的分类见表1–1。

表1–1　蒸馏操作的分类

分类		特点及应用
按蒸馏方法分类	平衡蒸馏	平衡蒸馏和简单蒸馏只能达到有限程度的提浓而不可能满足高纯度的分离要求。常用于混合物中各组分的挥发能力（或沸点）相差较大、对分离要求不高的场合
	简单蒸馏	
	精馏	精馏是借助回流技术来实现高纯度和高回收率的分离操作，它是应用最广泛的蒸馏方式
	特殊精馏	特殊精馏适用于普通精馏难以分离或无法分离的物系，如恒沸精馏、萃取精馏等
按操作压力分类	常压蒸馏	被分离的混合液在常压下各组分挥发能力差异较大，并且气相冷凝、冷却可用一般的冷却水，液相加热汽化可用水蒸气，应采用常压操作
	加压蒸馏	常压下为气态（如空气）或常压下沸点为室温（一般低于30℃）的混合物的分离，应采用加压操作
	减压蒸馏	对于常压下沸点较高（一般高于150℃）或高温下易发生分解、聚合等变质现象的热敏性物料宜采用减压蒸馏，以降低操作温度
按被分离混合物中组分的数目分类	两组分精馏	工业生产中，绝大多数为多组分精馏，多组分精馏过程更复杂
	多组分精馏	
按操作流程分类	间歇精馏	间歇精馏操作是不稳定操作，主要应用于小规模、多品种或某些有特殊要求的场合，工业中以连续精馏为主
	连续精馏	

3. 简单蒸馏与平衡蒸馏

在工业上最简单的蒸馏过程是简单蒸馏和平衡蒸馏，通常在混合液各组分挥发度相差较大、分离要求不太高的场合时采用。

（1）简单蒸馏（微分蒸馏）

简单蒸馏是使混合物在蒸馏釜中逐次地部分汽化，并不断地将生成的蒸气移去冷凝器中冷凝，可使组分部分地分离，又称微分蒸馏。其装置如图1–2所示。操作时，将原料液送入一密闭的蒸馏釜1中加热，使溶液沸腾，将所产生的蒸气通过颈管及蒸气引导管引入冷凝器2，冷凝后的馏出液送入贮槽3内。这种蒸馏方法由于不断地将蒸气移去，釜中的液相易挥发组分的浓度逐渐降低，馏出液的浓度也逐渐降低，故需分罐贮存不同组成范围的馏出液。当釜中液体浓度下降到规定要求时，便停止蒸馏，将残液排出。

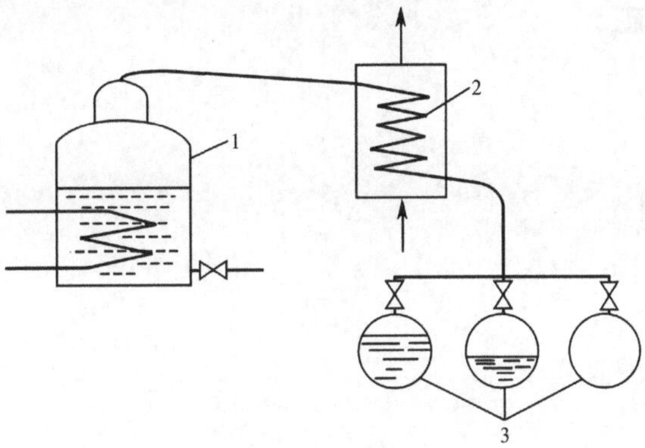

1—蒸馏釜；2—冷凝器；3—贮槽。

图1–2　简单蒸馏装置

简单蒸馏是间歇操作，适用于相对挥发度相差较大、分离程度要求不高的互溶混合物的粗略分离，如石油的粗馏。

（2）平衡蒸馏（闪蒸）

平衡蒸馏又称闪蒸。料液连续地加入加热釜，加热至一定的温度后，经减压阀减压至预定压强送入分离器，由于压强的降低，过热液体在减压情况下大量自蒸发，这时部分液体汽化，气相中易挥发组分增多，气相沿分离器上升至塔顶冷凝器，全部冷凝成塔顶产品。未汽化的液相中难挥发组分浓度增加，此液相沿分离器下降至塔底引出，成为塔底产品，如图1–3所示。

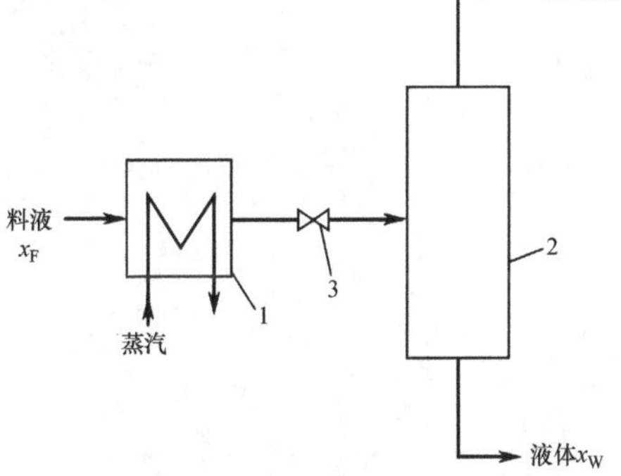

1—加热器；2—闪蒸罐；3—减压阀。

图1–3　平衡蒸馏装置

这种蒸馏方法可以连续进料，连续移出蒸气和液相，是一个连续的稳定过程，所以可以得到稳定浓度的气相和液相，但分离程度仍然不高，所形成的气液两相可认为达到平衡，所以叫平衡蒸馏。

4. 精馏

由于混合液中轻、重组分都具有一定的挥发性，采用简单蒸馏和平衡蒸馏这两种单级分离过程，只能使液体混合物得到有限的分离，很难得到纯度较高的产品。而且，当混合物中各组分的挥发能力相差不大时，更是无法达到满意的分离效果。

精馏是利用均相液体混合物中各组分挥发能力的差异，借助回流技术实现混合液高纯度分离的多级分离操作，是工业上被广泛采用的一种液体混合物的分离方法。

【学习诊断】

一、选择题

1. 蒸馏操作的依据是组分间的（　　）差异。

A. 溶解度　　B. 沸点　　C. 密度　　D. 蒸气压

2. 蒸馏是分离（　　）混合物的单元操作。

A. 均相液体　　B. 非均相液体　　C. 气体　　D. 固体

3. 蒸馏是一个（　　）过程。

A. 传质　　B. 传热

C. 传质、传热同时进行　　D. 无传质传热

4. 在化工生产中应用最广泛的蒸馏方式为（　　）。

A. 简单蒸馏　　B. 平衡蒸馏　　C. 精馏　　D. 特殊蒸馏

5. 简单蒸馏属于（　　）蒸馏操作。

A. 间歇、单级　　B. 连续、单级　　C. 间歇、多级　　D. 连续、多级

6. 当分离沸点较高，且又是热敏性混合液时，精馏操作压力应采用（　　）。

A. 加压　　B. 减压　　C. 常压　　D. 不确定

7. 按操作流程可将蒸馏操作分为间歇蒸馏和（　　）。

A. 简单蒸馏　　B. 平衡蒸馏　　C. 连续蒸馏　　D. 特殊蒸馏

8. 精馏过程中采用负压操作可以（　　）。

A. 使塔操作温度提高　　B. 使物料的沸点升高

C. 使物料的沸点降低　　D. 适当减少塔板数

9. 某精馏塔的塔顶表压为3 atm，此精馏塔是（　　）精馏。

A. 减压精馏　　B. 常压精馏　　C. 加压精馏　　D. 以上都不是

二、判断题

（　　）1. 通过简单蒸馏可以得到接近纯的部分。

（　　）2. 在对热敏性混合液进行精馏时必须采用加压分离。

（　　）3. 在减压精馏过程中，可提高溶液的沸点。

（　　）4. 浓度为50%的乙醇水溶液，用普通蒸馏的方法不能获得浓度为98%的乙醇水溶液。

（　　）5. 蒸馏过程按蒸馏方法分类可分为简单蒸馏、平衡蒸馏、精馏和特殊精馏。

任务2 精馏过程分析

学习目标

知识目标

- 能绘制和正确分析双组分理想溶液的气、液相平衡图。
- 能正确分析精馏操作的过程。

能力目标

- 掌握双组分理想溶液的气、液相平衡关系。
- 掌握精馏原理及精馏过程分析。

一、精馏操作工艺流程

精馏装置一般都应由精馏塔、塔顶冷凝器、塔底再沸器等相关设备组成，有时还要配原料预热器、产品冷却器、回流用泵等辅助设备。

1. 连续精馏流程及冷凝器、再沸器的作用

（1）连续精馏流程

连续精馏的操作流程如图1–4所示。液体混合物通过高位槽3进入预热器4，加热到一定温度后进入精馏塔。在精馏塔内，蒸气沿塔上升，上升气相中易挥发组分增加，难挥发组分减少。从塔顶引出的蒸气进入冷凝器冷凝，一部分冷凝液作为塔顶产物（又称馏出液），经塔顶冷凝器5和冷却器6，通过观察罩9进入馏出液贮槽7，还有一部分冷凝液则回流至塔内作为液相回流，称为“回流液”。在精馏塔内，下降液体中难挥发组分增加，易挥发组分减少。塔釜排出来的液体称为塔底产品或釜残液，进入残液贮槽8。液体混合物在塔底蒸馏釜内加热至沸腾，产生的蒸气进入精馏塔，蒸气由下而上在各层塔板（或填料）上与回流液接触，实现热和质的传递。精馏操作一般在塔内完成。

塔内上升的蒸气与下降的液体在每块塔板上相互接触，发生传质传热过程，易挥发组分逐渐进入气相，难挥发组分逐渐进入液相，最终在塔顶得到高纯度的易挥发组分，塔釜得到的基本上是难挥发的组分。当精馏操作稳定后，塔顶蒸气冷凝后一部分回流塔内，其余作为塔顶产品连续排出，其主要成分为易挥发组分；在塔釜保持一定液位的前提下，塔釜残液可作为塔底产品连续排出，其主要成分为难挥发组分。

通常，将原料加入的那层塔板称为加料板。加料板以上部分，起精制原料中易挥发组分的作用，称为精馏段，塔顶产品称为馏出液。加料板以下部分（含加料板），起提浓原料中难挥发组分的作用，称为提馏段，从塔釜排出的液体称为塔底产品或釜残液。

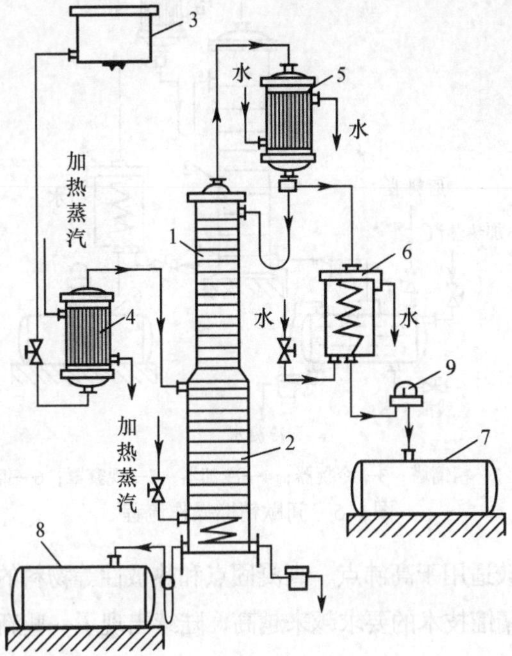

1—精馏段；2—提馏段；3—高位槽；4—预热器；5—冷凝器；
6—冷却器；7—馏出液贮槽；8—残液贮槽；9—观察罩。

图1–4　连续精馏流程

(2)塔顶冷凝器和塔底再沸器的作用

塔顶冷凝器的作用是提供精馏必需的液相回流，同时移走塔内热量，维持热量平衡。塔底再沸器的作用是提供精馏所需的热量，提供精馏必需的气相回流。

2. 间歇精馏操作流程

图1–5所示为间歇精馏操作流程。液体混合物在蒸馏釜1加热至沸腾，产生的蒸气进入精馏塔2，蒸气由下而上在各层塔板(填料)上与回流液接触。易挥发组分逐板提浓后由塔顶进入冷凝器3冷凝，其中一部分作为回流液进入塔内，另一部分经冷却器4进一步冷却后流入馏出液贮槽6。蒸馏后的残液返回至蒸馏釜，蒸馏到一定程度后排出残液。

间歇精馏有两种典型的操作方式。一种是保持回流比恒定的操作方式。采用这种操作方式时，在精馏过程中，塔顶馏出液组成和釜液组成均随时间而下降。另一种是保持馏出液组成恒定。采用这种操作方式时，在精馏过程中，釜液组成随时间而下降，所以为了保持馏出液组成恒定，必须不断增大回流比，精馏终了时，回流比增大到最大。

间歇精馏的主要特点如下：

① 能单塔分离多组分混合物。

② 允许进料组分浓度在很大的范围内变化。

③ 可适用于不同分离要求的物料，如相对挥发度及产品纯度要求不同的物料。

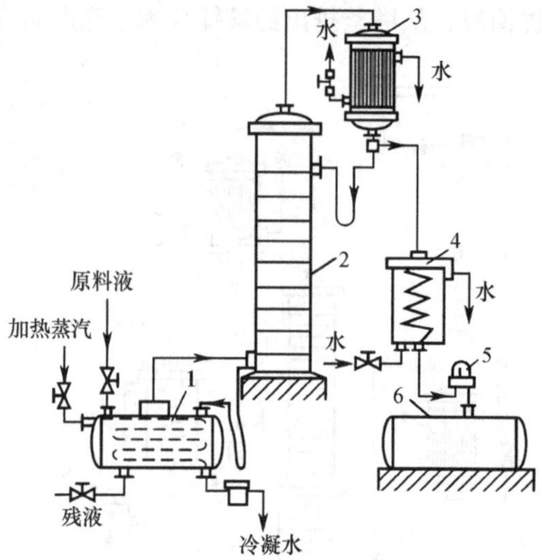

1—蒸馏釜；2—精馏塔；3—冷凝器；4—冷却器；5—观察罩；6—馏出液贮槽。

图1-5　间歇精馏操作流程

此外，间歇精馏还比较适用于高沸点、高凝固点和热敏性等物料的分离。随着精细化工及医药等工业的发展，对间歇精馏技术的要求越来越高，陆续出现了一些新塔型，如反向间歇塔、中间罐间歇塔和多罐间歇塔等。这些新型操作方式往往是针对分离任务的特点而设计的，因而其流程和操作方式更符合实际情况，效率更高，更具灵活性，在化工生产中具有很好的应用前景。

二、精馏的特点

精馏是目前应用最为广泛的一类均相液体混合物分离方法。除了精馏应用的历史悠久、技术比较成熟外，精馏分离还具有以下特点。

① 通过精馏操作，可以直接获得所需要的产品，不像吸收、萃取等分离方法，还需要外加吸收剂或萃取剂，并需要进一步对所提取的组分与外加组分再进行分离。因此精馏操作流程通常较为简单。

② 精馏分离适用的范围广泛。它不仅可以分离液体混合物，还可以通过改变操作压力使常温常压下呈气态或固态的混合物在液化后得以分离。例如，可将空气加以液化，再用精馏方法获得氧、氮等产品；再如，脂肪酸的混合物，可加热使其熔化，并在减压下建立气液两相系统，用精馏方法进行分离。对于挥发度相等或相近的混合物，可采用特殊精馏方法分离。

③ 精馏是通过对混合物加热建立气液两相体系的，气相需要再冷凝液化，因此需要消耗大量的能量（包括加热介质和冷却介质）。另外，加压精馏或减压精馏也将消耗额外的能量。因此，精馏过程中的节能是一个值得重视的问题。

三、精馏原理

简单蒸馏和平衡蒸馏都是单级分离过程，只能达到组分的部分增浓，不能得到纯度较高的产品。因此，在工业生产上多采用精馏操作，即多次并且同时运用部分汽化和部分冷凝的方法，可使混合液中各组分得到几乎较为完全的分离。

1. 多次部分汽化和多次部分冷凝

精馏是多次同时运用部分汽化和部分冷凝的方法，使混合液得到较为完全的分离以获得接近纯组分的操作。

以苯－甲苯混合液为例，用如图1-6所示的温度－组成图（t-x-y图）来分析精馏原理。

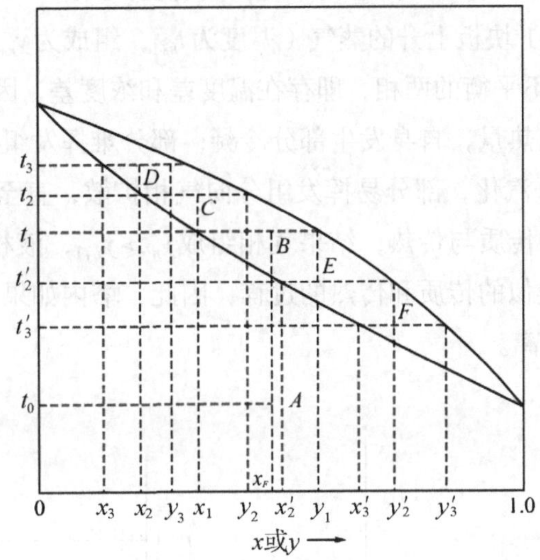

图1-6 苯－甲苯混合液的 t-x-y 图

图1-6中以温度 t 为纵坐标，以气液相平衡组成 x 或 y 为横坐标。图中有两条曲线，下方曲线为 t-x 线，称为饱和液体线或泡点线；上方曲线为 t-y 线，称为饱和蒸气线或露点线。两条曲线将 t-x-y 图分成三个区域：饱和液体线以下区域为液相区或过冷区，饱和蒸气线以上区域为气相区或过热蒸气区，两条曲线之间的区域为气液共存区，在该区气液两相共存。

将温度为t_0、组成为x_F的苯－甲苯溶液，加热到B点，使其在温度t_1下部分汽化。混合液将分成互成平衡的气液两相。气相组成为y_1($y_1>x_F$)，液相组成为x_1($x_1<x_F$)。

将上述气相进行部分冷凝，先冷凝到E点，获得新的气液平衡的两相($y'_2\sim x'_2$)，从图可见$y'_2>y_1$，若将y'_2的气相又部分冷凝到F点，则又获得新平衡条件下的气液相，其组成为y'_3，且$y'_3>y'_2>y_1>x_F$。这样依次将获得的气相进行足够多次的部分冷凝后，气相中易挥发组分含量越来越高，最后可得到易挥发组分含量很高的馏出液——纯苯。

另一方面如果将组成为x_1的液相加热到C点，使其部分汽化。这时又出现新的气液相平衡，获得组成为x_2的液相。由于易挥发组分进一步转入气相，故使液相易挥发组分含量降低，即$x_2<x_1<x_F$。如果再将组成为x_2的液相加热到D点，使之部分汽化，又得到解决组成为x_3的液相。同理$x_3<x_2<x_1<x_F$。依此类推，将获得的液相进行足够多次的部分汽化，则液相中易挥发组分含量越来越低，即难挥发组分含量越来越高，最后可得到难挥发组分含量很高

的残留液——甲苯。

2. 塔板的功能

精馏塔中利用若干块塔板取代了中间各级分离器，提供气液两相进行传质和传热的场所。可见，在精馏操作中塔板具有非常重要的作用。现以板式塔为例，讨论精馏塔内气液两相的传质与传热情况。

图1-7、图1-8所示为精馏塔内任意相邻的三块塔板，由第n-1块板下降的液体（温度为t_{n-1}，组成为x_{n-1}）与第n+1块板上升的蒸气（温度为t_{n+1}，组成为y_{n+1}）在第n块板上相遇，且$t_{n+1} > t_{n-1}$，由于它们是互不平衡的两相，即存在温度差和浓度差，因此必将在第n块板上进行传质与传热。蒸气将放出热量，自身发生部分冷凝，部分难挥发组分向液相扩散；而液体将吸收热量，自身发生部分汽化，部分易挥发组分向气相扩散，直至在第n块板上气液相y_n与x_n达到平衡。经过充分的传质与传热，结果气相组成$y_n > y_{n+1}$，液相组成$x_{n-1} > x_n$。精馏塔内每一层塔板上都进行着类似的传质和传热的过程，因此，塔内如果有足够多的塔板，即可使混合液得到较为完全的分离。

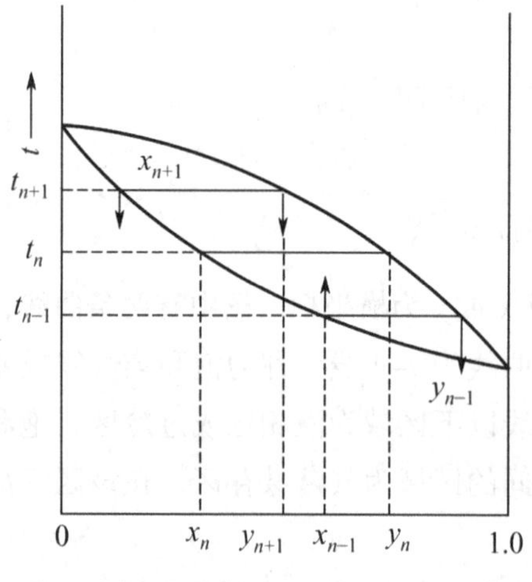

图1-7　塔板上气液两相传质传热过程（一）

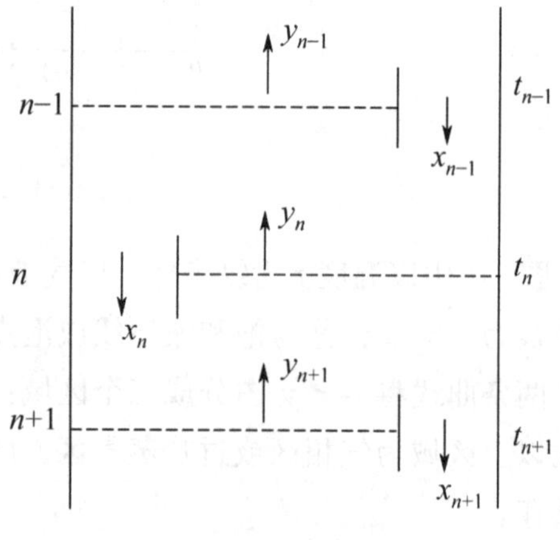

图1-8　塔板上气液两相传质传热过程（二）

3. 精馏操作的必要条件

由塔内气液两相的操作分析可知，为实现混合液的分离操作，除了必须具有足够层数塔板的精馏塔之外，还必须保证每块塔板上都有下降的液体流和上升的蒸气流，以建立气液两相体系。因此，塔底上升蒸气（气相回流）和塔顶下降液流（液相回流）是保证精馏操作过程连续稳定进行的必要条件，没有回流，精馏操作将无法进行，回流也是精馏和普通蒸馏的本质区别。

（1）塔顶液相回流

为保证每块塔板上都有下降的液体，将部分塔顶馏出液返回塔内的过程，称为塔顶液相回流，其作用是提供精馏操作所必需的液体，使塔板上液体组成保持稳定，取走塔内剩余热量，维持全塔热平衡。回流液是各块塔板上使蒸气部分冷凝的冷凝剂。工业生产中产生塔顶液相回流通常有以下三种方法。

① 泡点回流。塔顶冷凝器采用的是全凝器，从塔顶第一块塔板上升组成为y_1的蒸气在全凝器中全部冷凝成组成为x_D的饱和液体，其中一部分作为塔顶产品，另一部分引回塔顶作为回流液，这种回流称为泡点回流，此时有$y_1=x_D$，如图1-9所示。

② 冷液回流。将上述全凝器得到的组成为x_D的饱和液体进一步冷却降温后至过冷液体，再部分引回塔顶内作为回流液，此时由于回流液体的温度较低，将使上升气相的冷凝量增多，第一块板的提浓程度将增大，下降液体量也会增加。

③ 塔顶采用分凝器产生液相回流。塔顶第一块板上升组成为y_1的蒸气在分凝器中部分冷凝，得到平衡的气液两相组成分别为y_0和x_0，其中液相组成为x_0的液体引入塔顶作为液相回流，气相组成为y_0的蒸气经全凝器全部冷凝得到组成为x_D的塔顶产品，且$x_D=y_0$，如图1-10所示。

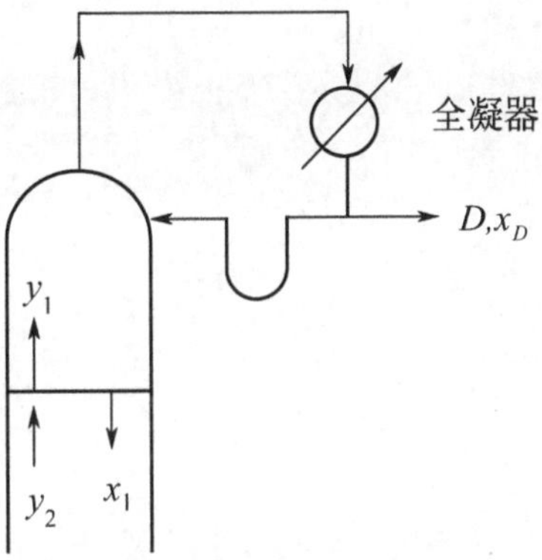

图1-9　液相回流方式简图—全凝器

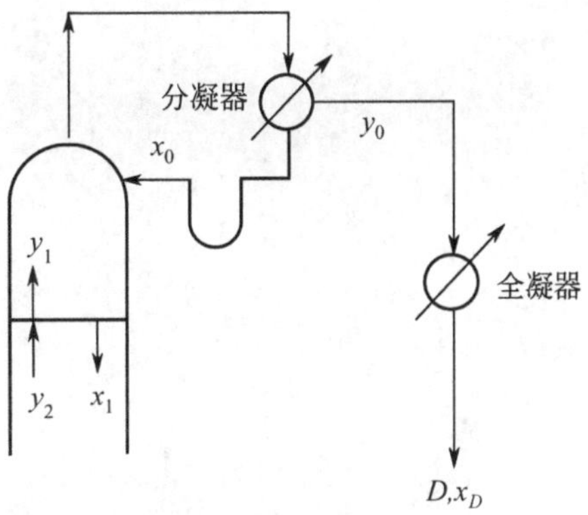

图1-10　液相回流方式简图—分凝器

（2）塔底气相回流

塔釜气相回流是为保证每块塔板上都有上升气体。塔釜将连续不断地提供上升蒸气的过程，称为塔釜（底）气相回流。塔底气相回流的作用是提供精馏操作所必需的气相，使塔板上气体组成保持稳定，向塔内提供热量，维持全塔的热平衡。回流气是各块塔板上使液相部分汽化的加热剂。工业上最简单的方法是在精馏塔塔底设置一个蒸馏釜，用安装在釜内的水蒸气加热管间接加热釜中的液体，使从最后一块板下降的液体部分汽化，产生组成为y_W的蒸气作为气相回流，组成为x_W的液体作为塔釜产品，如图1-11所示。

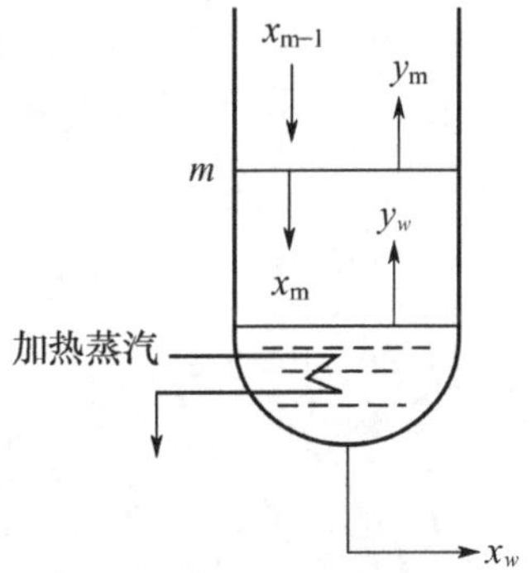

图1-11　气相回流方式—蒸馏釜

在工业生产的精馏装置中，塔釜加热器通常被设置在塔外的一个称作再沸器（或重沸器）的换热器所代替，其作用与蒸馏（加热）釜完全一样。

综上所述，工业用精馏塔内由于塔顶的液相回流和塔底的气相回流，为每块塔板提供了气、液流来源，又因在各层塔板上同时进行部分汽化和部分冷凝的传质传热过程，从而使混合液中各组分获得较高纯度的分离。

【学习诊断】

一、选择题

1. 精馏中引入回流，下降的液相与上升的汽相发生传质使上升的汽相易挥发组分浓度提高。下列说法中最恰当的是（　　）。

A. 液相中易挥发组分进入汽相

B. 汽相中难挥发组分进入液相

C. 液相中易挥发组分和难挥发组分同时进入汽相，但其中易挥发组分较多

D. 液相中易挥发组分进入汽相和汽相中难挥发组分进入液相必定同时发生

2. 在精馏过程中，塔顶液相回流的作用是（　　）。

A. 提供下降的液体　B. 提供上升的蒸气　C. 提供塔顶产品　D. 提供塔底产品

3. 在再沸器中溶液（　　）而产生上升蒸气，是精馏得以连续稳定操作的一个必不可少的条件。

A. 部分冷凝　B. 全部冷凝　C. 部分汽化　D. 全部汽化

4. 若要求双组分混合液分离成较纯的两个组分，则应采用（　　）。

A. 平衡蒸馏　B. 一般蒸馏　C. 精馏　D. 无法确定

5. 区别精馏与普通蒸馏的必要条件是（　　）。

A. 相对挥发度大于1　B. 操作压力小于饱和蒸气压

C. 操作温度大于泡点温度　D. 回流

6. 在一定操作压力下，塔釜、塔顶温度可以反映出（　　）。

A. 生产能力　B. 产品质量　C. 操作条件　D. 不确定

7.（　　）是保证精馏过程连续稳定操作的必要条件之一。

A. 液相回流　B. 进料　C. 侧线抽出　D. 产品提纯

8. 某二元混合物，若液相组成x_A为0.45，相应的泡点温度为t_1；气相组成y_A为0.45，相应的露点温度为t_2，则（　　）。

A. $t_1 < t_2$　B. $t_1 = t_2$　C. $t_1 > t_2$　D. 不能判断

9. 在蒸馏单元操作中，对产品质量影响最重要的因素是（　　）。

A. 压力　B. 温度　C. 塔釜液位　D. 进料量

10. 从温度-组成（t-x-y）图中的气液共存区内，当温度增加时，液相中易挥发组分的含量会（　　）。

A. 增大　B. 增大及减少　C. 减少　D. 不变

11. 冷凝器的作用是提供（　　）产品及保证有适宜的液相回流。

A. 塔顶气相　B. 塔顶液相　C. 塔底气相　D. 塔底液相

12. 下列（　　）选项不属于精馏设备的主要部分。

A. 精馏塔　　B. 塔顶冷凝器　　C. 再沸器　　D. 馏出液贮槽

13. 下列有关精馏操作的叙述，错误的是（　　）。

A. 精馏的实质是多级蒸馏

B. 精馏装置的主要设备有：精馏塔、再沸器、冷凝器、回流罐和输送设备等

C. 精馏塔以加料板为界，上部为精馏段，下部为提馏段

D. 精馏是利用各组分密度不同，分离互溶液体混合物的单元操作

14. 只要求从混合液中得到高纯度的难挥发组分，采用只有提馏段的半截塔，则进料口应位于塔的（　　）部。

A. 顶　　B. 中　　C. 中下　　D. 底

15. 实现精馏操作的根本手段是（　　）。

A. 多次汽化　　B. 同时一次部分汽化和一次部分冷凝

C. 同时多次部分汽化和多次部分冷凝　　D. 多次冷凝

二、判断题

（　　）1. 回流是精馏稳定连续进行的必要条件。

（　　）2. 在精馏塔中从上到下，液体中的轻组分逐渐增大。

（　　）3. 在二元溶液的y–x图中，平衡线与对角线的距离越远，则该溶液就越易分离。

（　　）4. 混合液的沸点只与外界压力有关。

（　　）5. 对乙醇–水系统，用普通精馏方法进行分离，只要塔板数足够，可以得到纯度为0.98（摩尔分数）以上的纯乙醇。

（　　）6. 相对挥发度越大，混合液分离越不容易。

（　　）7. 在精馏塔内任意一块理论板上的气相温度与液相温度相等。

（　　）8. 间歇精馏塔只有提馏段没有精馏段。

（　　）9. 一个完整的精馏塔由精馏段和提馏段构成。

（　　）10. 在精馏塔中，越往上，气液两相的温度就越高。

任务3 认识板式精馏塔

学习目标

知识目标

- 了解塔设备的分类，掌握板式塔种类、结构及特点，了解其性能。
- 掌握板式塔上液体的溢流方式。
- 掌握板式塔内气液接触状态及板式塔内气液两相的流动状态。

能力目标

- 能区别不同类型的板式塔，并能说出细部构造的名称及其作用。
- 会正确描述板式塔内正常操作时气液流动与接触状况。

一、塔设备的分类

精馏过程是在塔设备中进行的，塔设备为气液两相提供充分的接触时间、面积和空间，以达到理想的分离效果。据统计，石油化工厂中精馏设备最高可占设备总投资的25%左右。

根据塔内气液接触部件的结构型式，可将塔设备分为两大类：板式塔和填料塔，如图1-12所示。板式塔的塔内沿塔高装有若干层塔板，相邻两块塔板具有一定的间距，塔内气液两相在塔板上互相接触，进行传热和传质，属于逐级接触式塔设备。填料塔内装有填料，气液两相在被润湿的填料表面进行传热和传质，属于连续接触式塔设备。以下重点介绍板式塔。

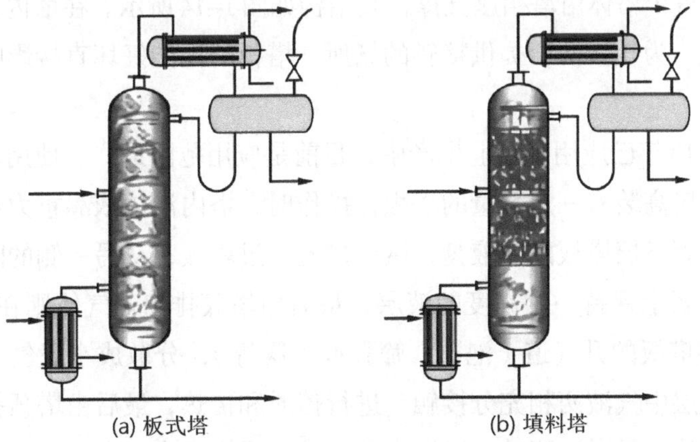

(a) 板式塔　　(b) 填料塔

图1-12　塔设备

二、对精馏塔的感性认识

走进石油化工厂中，通常远远地就会看到很多高高耸立的圆柱形设备，即塔设备，如图1-13所示。塔设备主要用于蒸馏、吸收、解吸、萃取等典型的传质单元操作过程中，也称气液传质设备，它被广泛应用于炼油、石油化工、医药、食品及环境保护等工业领域。据相关资料报道，在炼油厂、石油化工厂及化工厂中，塔设备的投资费用约占整个工艺设备总费用的25%，它所耗用的钢材在各类工艺设备中也属较多的，其性能对于整个生产装置的生产能力、消耗定额、产品质量、产量、三废处理及环境保护等各个方面都有着重大的影响。

图1-13　精馏塔总体概貌

三、板式精馏塔的主要结构

一个完整的板式塔主要由圆柱形塔体、塔板、降液管、溢流堰、受液盘及气体和液体进出口管等部件组成，同时考虑到安装和检修的需要，塔体上还要设置人孔或手孔、平台、扶梯和吊柱等部件，整个塔体由塔裙座支撑，其结构如图1-14所示。在塔内，根据生产工艺要求，装有多层塔板，为气液两相提供接触的场所。塔板的性能好坏直接影响传质效果，是板式塔的核心部件。

板式塔早在1813年已应用于工业生产中，目前是应用范围最广、使用量最大的气液传质设备。板式塔内沿塔高装有一定数量的塔板，操作时，塔内液体依靠重力作用，自塔顶沿上层塔板的降液管流到下层塔板的受液盘，然后横向流过塔板，从另一侧的降液管流至下一层塔板，并在每层塔板上保持一定高度的液层，最后由塔底排出。气体则在压力差的推动下，自下而上穿过各层塔板的升气道（泡罩、筛孔或浮阀等），分散成小股气流，鼓泡通过各层塔板的液层，在液层中气液两相充分接触，进行传质和传热，最后由塔顶排出。在整个板式塔中，气液两相总体上呈逆流流动，以提供最大的传质推动力。由于气液两相在塔内逐级接触，两相的组成沿塔高呈阶梯式变化，故也称板式塔为逐级接触式气液传质设备。

1. **塔体**

塔体是塔设备的外壳。常见的塔体是由等直径、等壁厚的钢制圆筒和上、下椭圆形封头组成的，但有时为了满足大型化生产，也可以采用不等直径、不等壁厚的塔体。塔体除了必须满足工艺条件（如温度、压力、塔径和塔高等）下的强度和刚度之外，还要考虑风力、地震、吊装、运输、检验，以及开工、停工等方面的影响。

2. **塔体支座**

塔体支座是塔体安放到基础上的连接部件，它必须保证塔体在确定的位置上能进行正常的工作。因此，它必须具有足够的强度和刚度，能承受各种操作情况下的全塔重量以及风力、地震等引起的载荷。生产中最常用的塔体支座是裙式支座，简称为“裙座”，通常有圆柱形和圆锥形两种。裙座上必须开设检查孔，以方便检修，检查孔有圆形和长圆形两种。

3. **塔内部件**

板式塔内件主要由塔板、降液管、溢流堰、受液盘、紧固件、支撑件及除沫装置等组成。

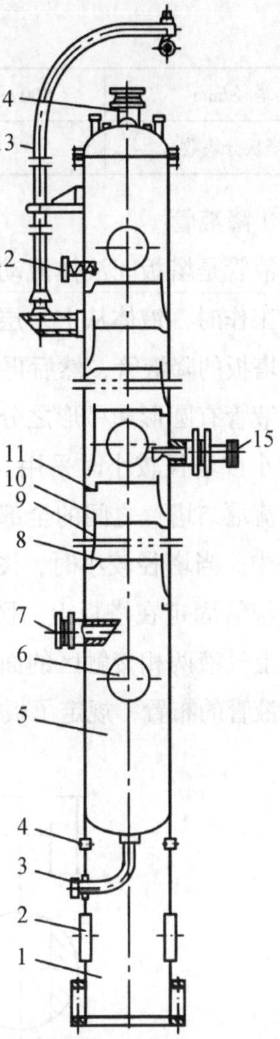

1—裙座；2—裙座人孔；3—塔底液体出口；4—裙座排气孔；5—塔体；6—人孔；7—蒸气入口；8—塔板；9—降液管；10—溢流堰；11—受液盘；12—回流入口；13—吊柱；14—塔顶蒸气出口；15—进料口。

图1-14　板式塔总体结构图

（1）塔板

塔板是气液两相接触的场所，有整块式与分块式两种。整块式即塔板为一整块，多用于塔径小于800～900 mm的塔。当塔径大于1 200 mm时，多采用由几块板合并而成的分块式塔板，以便于通过人孔装、拆塔板。塔径为800～1 200 mm的塔，可根据制造与安装的具体情况，任意选取一种结构。塔板厚度的选取，除经济性外，主要考虑塔板的刚性和耐腐性。

在分块式塔板中，靠近塔壁的两块塔板做成弓形，称弓形板。两弓形板之间的塔板做成矩形，称矩形板。为了安装和检修的需要，在矩形板中必须有一块用作通道板。各层塔板上的通道板，最好开在同一垂直位置上，以利于采光和拆卸。通道板与其他塔板的连接，一般采用上、下均可拆的结构形式。

分块式塔板的板块数与塔径有关，如表1-2所示。

表1-2　分块式塔板的块数与塔径关系

塔径/mm	800～1 200	1 400～1 600	1 800～2 000	2 200～2 400
塔板分块数	3	4	5	6

（2）降液管

降液管是塔板间液体流动的通道，也是使溢流液中所夹带气体得以分离的场所。板式塔在正常工作时，液体从上一层塔板的降液管流出，横向流过开有孔的塔板，翻越溢流堰，进入该层塔板的降液管，然后再流向下一层塔板。

降液管有圆形和弓形之分。圆形降液管制造比较方便，但流通截面积较小，只有在液体流量很小或塔径较小时采用。常用的是弓形降液管，其结构形式如图1-15所示。图1-15(a)是将溢流堰与塔壁之间的全部截面均作为降液管，降液管的截面积相对较大，多用于塔径较大的塔中。当塔径较小时，图1-15(a)所示的结构制作不便，可采用图1-15(b)的形式，即将弓形降液管固定在塔板上。图1-15(c)为双流型时的弓形降液管。降液管下部倾斜是为了增加塔板上气液两相接触区的面积。弓形降液管由平板和弓形板焊制而成，并焊接固定在塔板上。降液管的布置，规定了板上液体流经的途径。

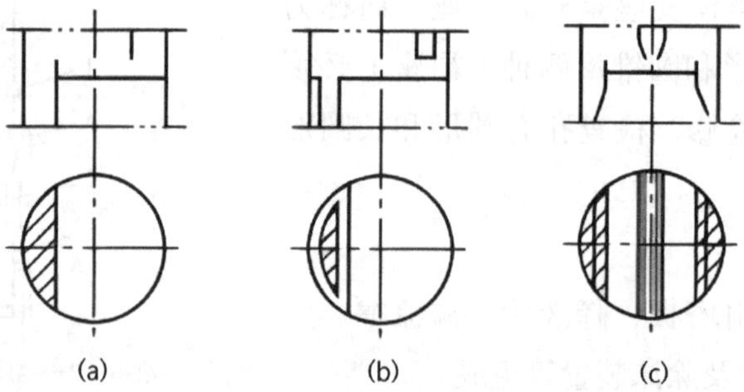

图1-15　弓形降液管的结构形式

（3）溢流堰

为保证气液两相在塔板上有足够的接触表面，塔板上必须贮有一定量的液体。为此，在塔板的出口端设置溢流堰，也称出口堰。溢流堰的作用是维持塔板上有一定高度的流动液层，并使液体在板上均匀流动。降液管的上端高出塔板板面，即为溢流堰。溢流堰板的形状有平直形与齿形两种，常用的为平直堰。如果液体流量较小时，可采用齿形堰。

（4）受液盘

塔板上接受上一层塔板下流液体的部位称为受液盘，受液盘有平形受液盘和凹形受液盘两种形式，如图1-16(a)和(b)所示。平形受液盘结构简单，但需在塔板上设置进口堰，以保证降液管的液封，并使液体在板上分布均匀。但设置进口堰很容易使沉淀物淤积此处而造成塔板阻塞，并且还会过多占用塔板板面。

凹形受液盘可在低液量时形成良好的液封，且有改变液体流向的缓冲作用，并便于液体从侧线被抽出。凹形受液盘结构稍复杂，但无须设置进口堰，工业上对于塔径在600 mm以上的塔，多采用凹形受液盘。凹形受液盘的深度一般在50 mm以上，有侧线采出时可取深些。但凹形受液盘易造成死角而堵塞，不适于易聚合及有悬浮固体的情况。

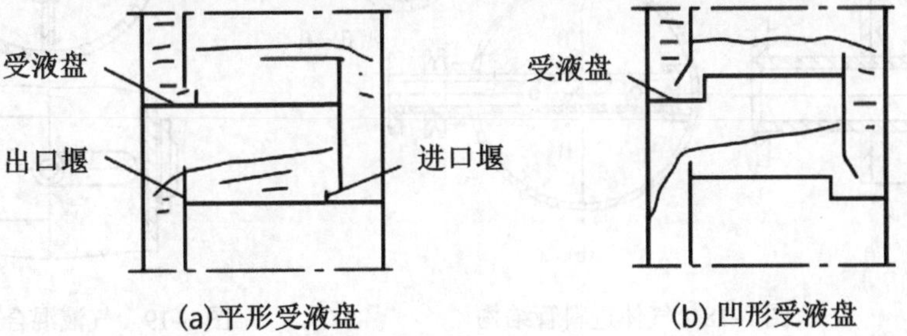

图1–16　受液盘示意图

4. 接管

塔设备的接管用于连接工艺管线，把塔设备与相关设备连成系统。塔体上设置了各种接管，通常按接管的用途，可分为进料管、回流管、进气管、出气管等。

（1）液体进料管与回流管

液体进料管与回流管的设计应满足以下要求：①液体不直接加到塔盘的鼓泡区；②尽量使液体均匀分布；③接管安装高度应不妨碍塔盘上的液体流动；④液体内含有气体时，应设法排出；⑤管内的允许流速一般不超过1.5 ～ 1.8 m/s。

液体进料管可直接引入加料板。为使液体均匀通过塔板，减少进料波动带来的影响，通常在加料板上设进口堰，其结构如图1–17所示。

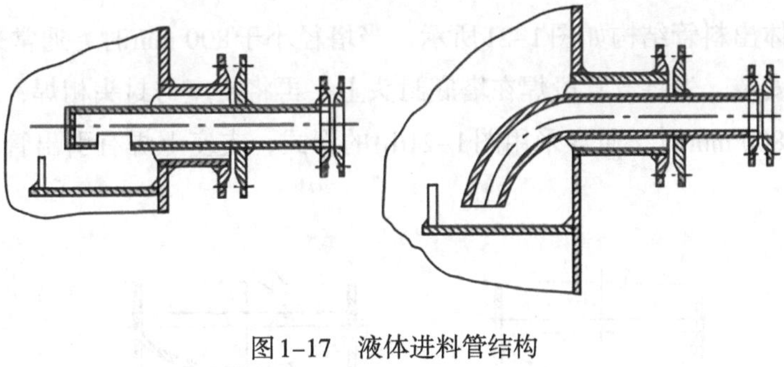

图1–17　液体进料管结构

（2）气体进料管

为保证气体均匀分布，气体进料管一般做成45° 的切口，如图1–18(a)所示。当塔径较大或对气体分布均匀的要求较高时，可采用较复杂的结构，如图1–18(b)所示。

（3）气液混合进料管

气液混合进料管不仅要求进料均匀，且要求液体通过塔板时蒸气能分离出来，工业上多采用螺旋形导向板的切线进料口结构，如图1–19所示。这种结构可使加料板盘间距增大，有利气、液分离，同时可保护塔壁不受冲击。

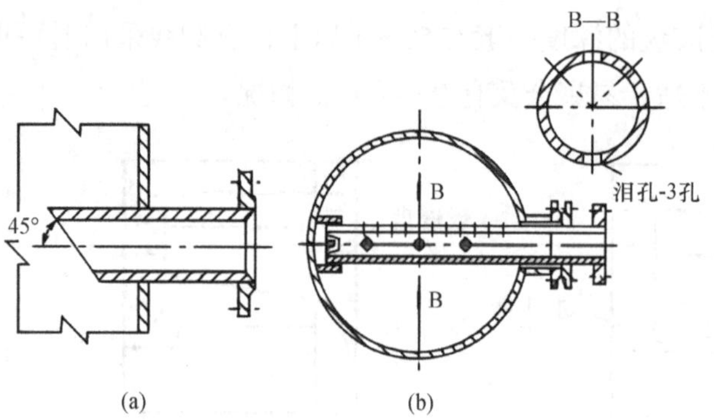

图1–18　气体进料管结构

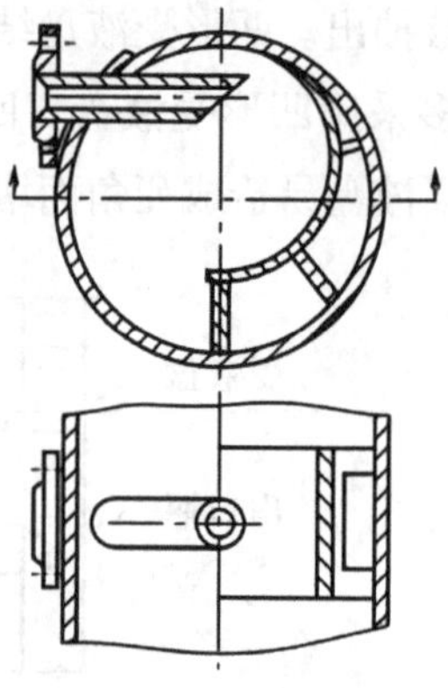

图1–19　气液混合进料管结构

（4）塔顶气体出料管

塔顶气体出料管直径不宜过小，以减小出口压力降，避免出塔气体夹带液滴。通常在出口处装设挡板，如图1–20所示。当液滴较多或对夹带液滴量有严格要求时，应安装除沫装置。

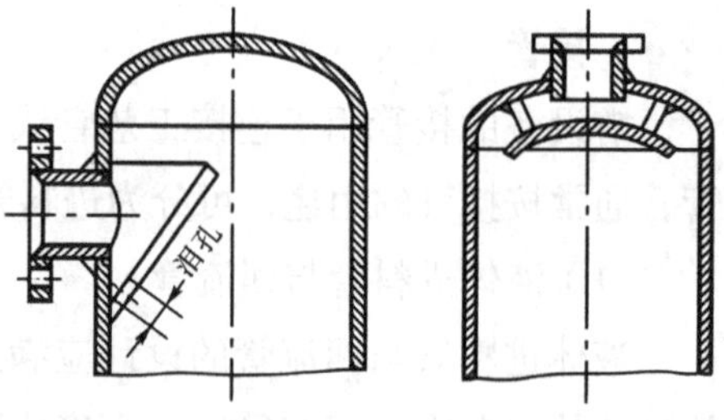

图1–20　塔顶气体出料管结构

（5）塔底出料管

塔底出料管直径一般取与工艺管线直径相同。当釜液从塔底出口管流出时，在一定条件下，釜液会在出口管中心形成一个向下的旋涡流，使塔釜液面不稳定，且能带出少量的气体。如果出口管路有泵，气体进入泵内，将会影响泵的正常运转。因此，一般釜液出口处都应装设防涡流挡板。

塔底部的液体出料管结构如图1–21所示。当塔径小于800 mm时，通常采用图1–21(a)的形式，为了便于安装，先将弯管段焊在塔底封头上，再将支座与封头相焊，最后焊接法兰短节。当塔径大于800 mm时，通常采用图1–21(b)的形式，支座上焊有引出管，以使安装、检修方便。

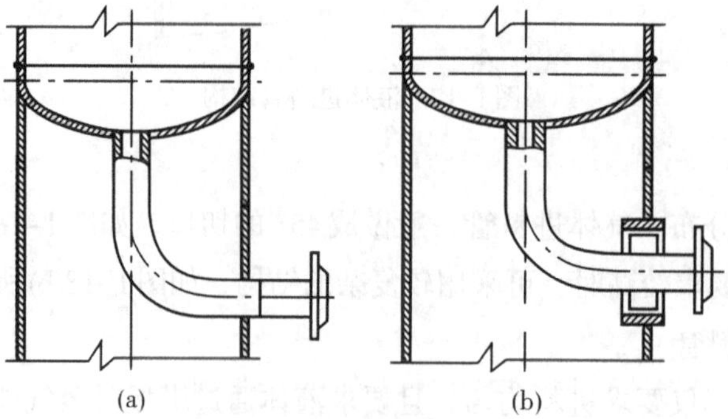

图1–21　塔底液体出料管

5. **塔附件**

塔附件主要包括人孔或手孔、吊柱、平台、扶梯等。下面主要介绍人孔或手孔、吊柱。

（1）人孔或手孔

人孔是安装和检修人员进出塔的唯一通道，开设人孔可以使检修人员进入每一层塔板。手孔是指手和手提灯能伸入的设备孔口，用于不便进入或不必进入设备即可检查和检修的场合。当塔径比较大时设置人孔，塔径比较小（小于800 mm）可以设置手孔。人孔数目是根据塔板安装方便和物料清洁程度而定的。当物料比较清洁，操作中不需要经常清理时，一般每隔8～10块塔板处设置一个人孔，甚至可利用一个人孔安装上下各10层塔板。但对于不清洁易结焦的物料，为便于清洗，需要每隔3～4块塔板处设置一个人孔。凡是有人孔处的塔板间距应大于或等于600 mm，人孔的中心距操作平台一般应为800～1 200 mm。人孔直径一般为450～550 mm，特殊的也有长形人孔。

（2）吊柱

吊柱一般设置在塔顶，目的是在安装和检修时方便塔内件的运送。一般在15 m以上的塔，都要设置吊柱。

6. **塔顶、塔底空间**

（1）塔顶空间

塔顶空间是指塔顶第一块塔板到塔顶切线的距离。为了减少塔顶出口气体中携带液体量，塔顶空间一般取1.2～1.5 m，以利于气体中的液滴自由沉降。必要时在塔顶还要设置破沫网，主要用于捕集夹带在气流中的液滴。使用高效的除沫器，对于回收贵重物料、提高分离效率、改善板式塔的操作状况以及减少对环境的污染等，都是非常必要的。

（2）塔底空间

塔底空间是指塔底最后一块塔板到塔底切线的距离。塔底空间具有中间贮槽作用，一般釜液最好能在塔底有10～15 min的贮量，以保证塔底料液不至于排完。当进料设有15 min缓冲时间的容量时，塔底产品停留时间可取3～5 min，否则需15 min左右。但对塔底产品量较大的塔，停留时间一般也取3～5 min。对易结焦的介质，塔底停留时间应缩短，一般取1～1.5 min。为满足上述条件，通常塔底空间一般取1.3～1.5 min。

四、常见板式精馏塔的类型及特点

板式塔性能的好坏主要取决于塔板的结构，从1813年首先出现泡罩塔以来，板式塔逐渐成为工业生产中主要的气液传质设备。随着石油工业的发展，20世纪50年代出现了一些新的板式塔，其中浮阀塔由于塔板效率高、操作弹性大等优点而得到广泛的应用。随着生产的需要和技术的进步，有越来越多的新型板式塔不断涌现，但它们的基本结构并没有多大差别，所不同的主要在于塔板的结构。人们根据塔板结构，尤其是气液接触元件的不同而命名了各种精馏塔。

一个好的塔板结构，应当在较大程度上满足如下要求。

① 生产能力大，即单位塔截面积上所能通过的气、液相流量大，不会产生不正常流动，可以在较小的塔中完成较大的生产任务。

② 塔板效率高，即气液两相在塔内流动时能保持充分的密切接触，完成一定的分离任务所需的板层数少。这对于难以分离、要求塔板数较多的系统尤其重要。

③ 操作稳定、弹性大，即塔内气、液相流量有一定波动时，两相均能维持正常的流动，仍能在较高的传质效率下进行稳定的操作。

④ 流体流动的阻力小，即气体通过塔板的压力降小。这将大大节省生产中的动力消耗，降低操作费用。对于减压蒸馏操作尤为重要，较大的压力下降将使系统无法维持必要的真空度。

⑤ 结构、选材合理，即内部结构要满足生产的工艺要求，制造、安装及检修方便，设备材料要根据介质特性和操作条件进行选择，减少基建过程中的投资费用。

⑥ 能满足物系的某些特殊工艺特性，如腐蚀性、热敏性及起泡性等。

实际上，对于现有的任何一种塔板，都不可能完全满足上述的所有要求。不同类型的板式塔，均具有自身的特点，各自有适用的场合，生产中应根据具体的工艺条件来选择适当的型式。

按照塔内气、液相流动方式，可将塔板分为逆流塔板和错流塔板两大类。

逆流塔板也称穿流塔板，塔板间不设降液管，气液两相同时由板上孔道逆向穿流而过，如图1-22(a)所示。这种塔板结构简单，无液面落差，气体分布均匀，板面利用率高，但要维持板上液层厚度需较高的气速，塔板效率低，操作弹性小。目前，这种塔板在工业应用上较少。

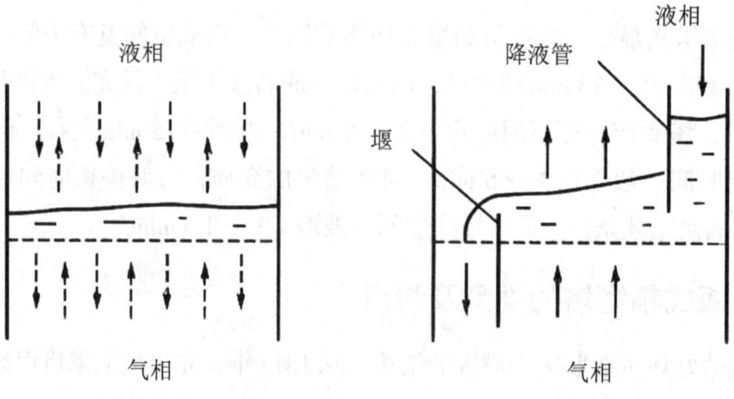

(a) 逆流塔板　　(b) 错流塔板

图1-22　塔板的分类

错流塔板也称溢流塔板，板间设有专供液体流通的降液管，液体横向流过塔板，气体经过塔板上的孔道上升，在塔板上气液两相呈错流接触，如图1-22(b)所示。合理安排降液管位置以及进、出口堰的高度，可以使板上液层厚度均匀，从而获得较高的传质效率。但是，降液管约占塔板面积的20%，影响了塔的生产能力，而且液体横向流过塔板时要克服各种阻力，会使塔板上出现液面落差。液面落差过大时，将引起板上气体分布不均匀，从而降低分离效率。但总体上，错流塔板的操作比较稳定，操作弹性大。目前，工业上多采用此类塔板。

生产中所采用的错流塔板类型很多，如泡罩塔板、筛孔塔板、浮阀塔板、喷射型塔板、导向浮阀型塔板等，其中以浮阀塔板的应用最为广泛。

1. 泡罩塔板

泡罩塔板是最早应用于工业生产中的一种气液传质设备。泡罩塔板主要由泡罩、升气管、降液管、溢流堰等组成，基本结构如图1-23(a)所示。每层塔板上开有若干个圆形孔，孔上焊有一段短管作为上升气体通道，称为升气管。由于升气管高出塔板板面，故板上液体不会从中漏下。每个升气管上覆盖泡罩，泡罩下部周边开有许多长条形或长圆形齿缝。操作状况下，齿缝浸没于板上液层之中，形成液封。上升气体通过齿缝被分散成细小的气泡进入液层。板上的鼓泡液层或充气的泡沫体为气液两相提供了大量的传质面积。液体通过降液管流下，并依靠溢流堰以保证塔板上存有一定厚度的液层。

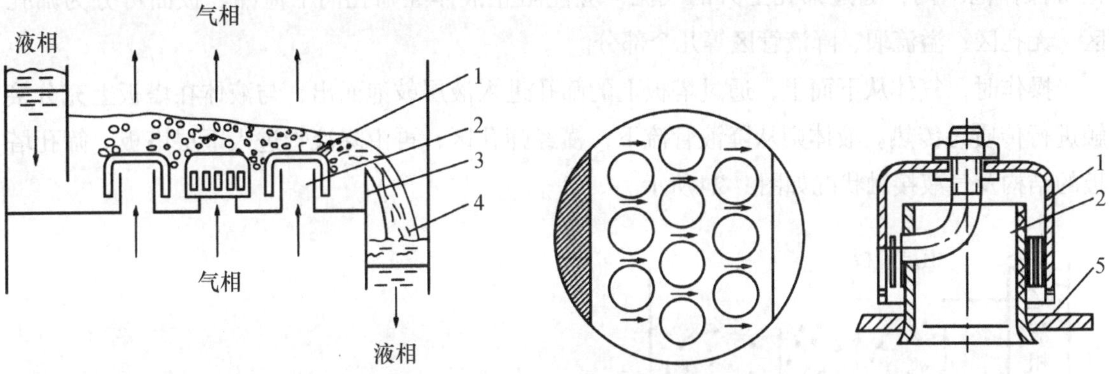

(a) 泡罩塔板操作状态示意图　(b) 泡罩塔板平面图　(c) 圆形泡罩

1—泡罩；2—升气管；3—出口堰；4—溢流管；5—塔板。

图1-23　泡罩塔板

泡罩的形式有很多种，化工生产中最常用的是圆形泡罩，其结构如图1-23(c)所示。圆形泡罩的标准尺寸有Φ80 mm、Φ100 mm和Φ150 mm三种，其中前两种是矩形齿缝，后一种为敞开式齿缝。安装时泡罩在塔板上按等边三角形排列，中心距比较小，通常是泡罩直径的1.2～1.5倍，相邻泡罩外缘之间的距离一般在25～75 mm，以便相邻泡罩涌出的蒸气能彼此互相撞击，增加接触的剧烈程度。

进行精馏操作时，气体自下而上由泡罩下部流经升气管与泡罩之间的环形通道进入液层，然后从泡罩边缘的齿缝流出，搅动液体，形成液体层上部的泡沫区，再进入上一层升气管。液体则由上层降液管出口流入塔板，横向流经布满泡罩的区域，漫过溢流堰进入降液管，再流入下一层塔板。

泡罩塔板操作的要点是使气、液量维持稳定。若气量过小而液量过大，气体不能以连续的方式通过液层，只有当气体积蓄、压力升高后，才能冲破液层通过齿缝溢出。气体冲出后，压力下降，只有等待气体压力再次升高，才能重新冲破液层溢出，形成脉冲方式，并可能产生漏液现象；若气量过大而液量过小，则难以形成液封，液体可能从泡罩的升气管流入下层塔板，使塔板效率下降。气量过大还可能形成雾沫夹带和液泛现象。

泡罩塔板的优点是不易发生漏液现象，操作稳定性及操作弹性均较好，易于控制，当气、液负荷有较大的波动时仍能维持几乎恒定的塔板效率，对于各种物料的适应性强。缺点是塔板结构复杂，安装检修不方便，且金属耗量大，造价高，由于蒸气上升过程中路线比较曲折，板上液层较深，塔板压力降较大，故生产能力不大。由于泡罩塔板的这些缺点，使之在与当今多种优良塔板类型的比较中处于劣势，因此，近年来泡罩塔板已很少建造。

2. 筛孔塔板

筛孔塔板几乎与泡罩塔板同时出现，是最简单的一种错流塔板。筛孔塔板在塔板上开有大量均匀分布的小孔，称为筛孔。筛孔是板上的气体通道，降液管是板上的液体通道。筛孔直径一般为3～8 mm，通常孔间距按正三角形排列布置，孔间距与孔径的比值为3～4。在正常操作范围内，通过筛孔上升的气流，应能阻止液体经筛孔向下泄漏。板面可分为筛孔区、无孔区、溢流堰、降液管区等几个部分。

操作时，气体从下而上，通过塔板上的筛孔进入液层鼓泡而出，与液体在塔板上充分接触进行传质与传热。液体则从降液管流下，横经筛孔区，再由降液管进入下层塔板。筛孔塔板的结构及气液接触状况如图1–24所示。

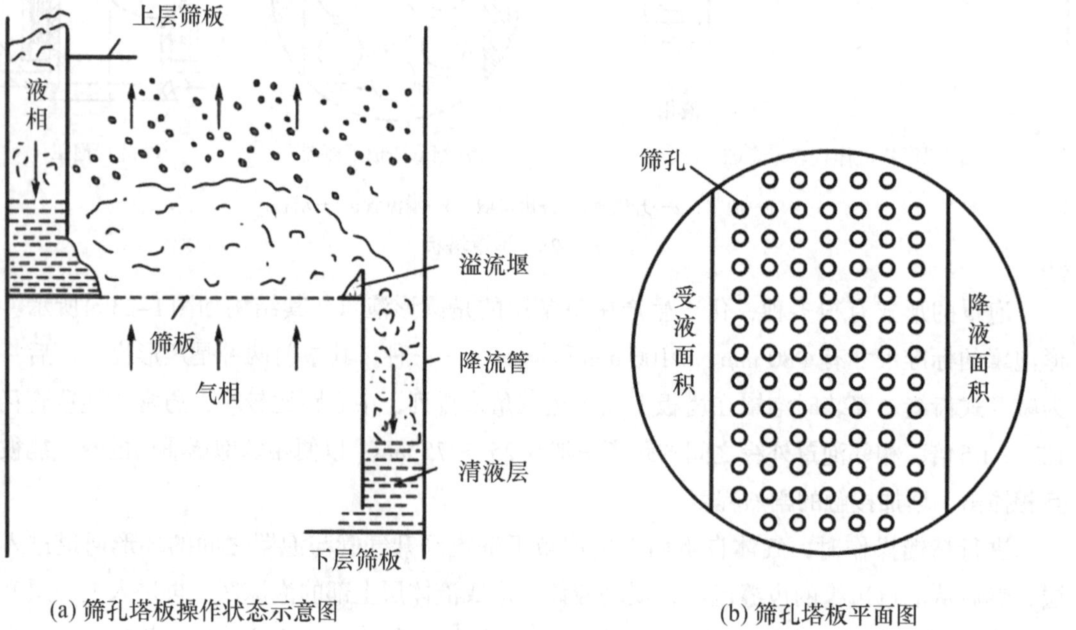

(a) 筛孔塔板操作状态示意图　　(b) 筛孔塔板平面图

图1–24　筛孔塔板

筛孔塔板的分离效率与蒸气的速度、筛板上的液层高度、筛孔的直径与数目等有关。筛板上的液层高度影响着气液两相的接触时间；筛孔的大小与数量决定了蒸气被分成细小均匀气流的程度，对气液两相之间接触是否充分和效率的高低影响极大。但是，对结构已经确定的筛孔塔板来说，其分离效果主要决定于蒸气的速度。若蒸气速度过大，会导致板层液面压力很大，液体不能顺利地沿降液管流下，聚集于塔板上，还会造成大量的雾沫夹带，使分离效率降低；蒸气速度较小，不足以阻止液体从筛孔中漏下，分离效率也会下降；若蒸气速度过小或突然停止，筛板上的液体将全部漏光，操作根本无法进行，这时应重新送入蒸气，重新建立板上的液层，直至操作趋于正常。至于蒸气速度具体多大才算合适，通常要经过试验确定。

筛孔塔板与泡罩塔板相比，生产能力提高20%～40%，塔板效率高10%～15%，压力降小30%～50%，且结构简单，造价较低，制造、加工、维修方便，故在许多场合取代了泡罩塔板。

筛孔塔板的缺点是筛板容易漏液且操作弹性范围较窄，小孔筛板容易堵塞，因而曾经一度未被使用。但是它的独特优点——结构简单、造价低廉——仍然吸引了不少的研究者。近年来随着科技的进步和生产的需求，对大孔（Φ20～25 mm）筛板的研究和应用有所进展。大孔径筛孔塔板采用气、液错流方式，可以提高气速及生产能力，而且不易堵塞。只要设计合理，筛孔塔板同样可以获得比较满意的塔板效率。目前，筛孔塔板也已成为应用较广泛的一种塔板。

3. 浮阀塔板

浮阀塔是20世纪50年代初期在泡罩塔板和筛孔塔板的基础上发展起来的一种新的结构型式，其特点是在筛孔塔板基础上，在每个筛孔处安置一个可上下移动的被称为浮阀的阀片。所谓浮阀，就是它开启的程度可以随着气体负荷的大小而自行调整。当蒸气气速较大时，阀片将被顶起上升；蒸气气速变小时，阀片因自重而下降。这样，当蒸气负荷在一个较大的范围内变动时，阀片升降位置会随气流大小做自动调节，缝隙中的气流速度几乎保持不变，从而使进入液层的气速基本稳定。又因气体在阀片下侧水平方向进入液层，既可减少液沫夹带量，又能延长气液接触时间，故能收到很好的传质效果。

浮阀的型式有多种，国内常用的浮阀有F1型、V-4型与T型三种，其中，F1型浮阀最简单，也是曾经使用较为广泛的一种。浮阀一般都用不锈钢制成。

F1型浮阀如图1-25(a)所示，它的阀片为圆形，下有三条带钩的“阀腿”插入阀孔中（直径39 mm），其作用是限制阀片的最大开度（8.5 mm），并起到保持阀件垂直上下的导向作用；阀件上还有三个被称为定距片的凸缘，它一方面使阀不至于将阀孔全部盖死，可以保持一个最小开度（2.5 mm），保证在低气速下也能维持操作，另一方面也有助于防止阀与塔板锈住或黏结。F1型浮阀直径为4 8 mm，有重阀与轻阀两种，分别采用不同厚度的薄钢板冲压而成。重阀厚2 mm，重约33 g；轻阀厚1.5 mm，重约25 g。轻阀操作时惯性小，振动频率高，关阀时有滞后，常用于要求压力降小的减压塔中。重阀操作稳定性比轻阀好，泄漏少，效率比较高，一般场合都比较适用，但压力降稍大一些。

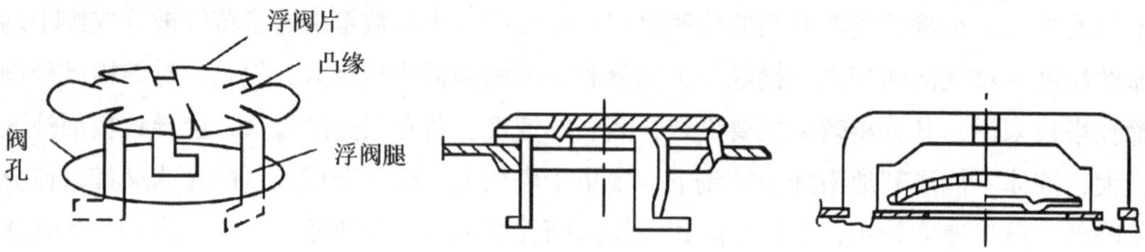

(a)F1型浮阀　　(b)V-4型浮阀　　(c)T型浮阀

图1-25　几种浮阀类型

V-4型浮阀如图1-25(b)所示，其特点是阀孔被冲压成向下弯的喷嘴形，可减小气体通过阀孔时因流道形状改变而产生的阻力。V-4型浮阀除腿部相应增长外，其余结构尺寸与F1型轻阀相同，主要用于减压蒸馏操作中。

T型浮阀如图1-25(c)所示，其制造和安装都比较复杂。它是借助于固定塔板上的支架限制阀片移动范围来操作的，多用于易腐蚀、含颗粒或易聚合的介质。

浮阀塔操作时，如果气体流速较低，浮阀在塔板上处于静止状态，气体通过浮阀上最小开度处的鼓泡通过液层。当气体流速增大到最大流速的20%左右时，浮阀开始被吹起，因为塔板上有液面落差，各浮阀被吹开的时间并不一致，靠近溢流堰处的因液层浅而先被吹起。此外，随气速的变化，浮阀被吹起的程度也不同。被吹起的浮阀在液层中上下浮动，当气速达到最大流速的70%左右时，所有浮阀全部被吹起，开度为8.5 mm。浮阀稳定的位置只有全开和全闭，但在此范围内，浮阀可以随气速变化在液层中上下浮动，自动调节气体流通面积，以保持气体吹入液层时形成良好的泡沫状态，因此浮阀塔板能在相当宽的气速范围内稳定操作。

实践证明，浮阀塔板具有如下优点。

① 生产能力大。由于浮阀安排比较紧凑，塔板的开孔率大于泡罩塔板，故其生产能力比圆形泡罩塔板大20%～40%，接近于筛板塔板。

② 操作弹性大。由于阀片可以自由升降以适应气速的变化，故其维持正常操作所允许的负荷波动范围比泡罩塔板及筛孔塔板都宽。

③ 塔板效率高。由于上升气体以水平方向吹入液层，故气、液接触时间较长而雾沫夹带量较小，因此塔板效率较高，比泡罩塔板效率高出15%左右。

④ 气体压力降及液面落差较小。因气、液流过浮阀塔板时所遇到的阻力较小，故气体的压力降及板上液面落差都比泡罩塔板小。

⑤ 结构简单，安装方便。浮阀塔造价约为泡罩塔板的60%～80%，为筛孔塔板的120%～130%。

目前，浮阀塔板是工业上主要使用的一种精馏设备，但由于浮阀要求具有较好的耐腐蚀性能，否则易锈死在塔板上，故一般要用不锈钢制造，因此，浮阀塔板总体上造价较高。

几种浮阀的基本参数见表1-3。

表1-3 F1型、V-4型及T型浮阀的基本参数

主要参数	阀型			主要参数	阀型		
	F1型（重阀）	V-4型	T型		F1型（重阀）	V-4型	T型
筛孔直径/mm	39	39	39	最大开度/mm	8.5	8.5	8
阀片直径/mm	48	48	50	静止开度/mm	2.5	2.5	1.0～2.0
阀片厚度/mm	2	1.5	2	阀片质量/g	32～34	25～26	30～32

4. 喷射型塔板

前面介绍的三种塔板，气体在塔板上均是以鼓泡或泡沫状态和液体接触，蒸气分散于板上的液层中，故属于气体分散型塔板。操作时，气速不可过高，否则会造成较为严重的液沫夹带现象，塔板效率下降，这会使生产能力受到一定限制。为克服这一缺点，开发出了喷射型塔板。在喷射型塔板上，气体喷射的方向与液流方向一致，塔板压降显著降低，液沫夹带量减少，故操作时可采用较大的气速。属于此类塔板的型式也很多，常见的有舌形塔板、浮舌塔板、斜孔塔板、网孔塔板、垂直筛板等。

（1）舌形塔板

如图1-26所示，主要特点是在塔板上冲出一系列的舌孔，舌片与塔板呈一定倾角（一般为20°），舌形尺寸一般为25 mm×25 mm。另一个特点是塔板上不设溢流堰，但保留降液管。操作时，蒸气以较高的速度通过舌孔喷出，将液体分散成液滴或流束，形成了很大的接触界面，并造成了流向的湍动，大大强化了传质过程。由于气流在水平方向的分速度推动着液体向降液管方向流动，因而加大了液体的处理量。没有溢流堰，板上的液层较薄，压力降减少。由于气流从倾斜方向喷出，气流中雾沫夹带减少，其分离效率高。舌形塔的优点是气液两相的处理量都比较大，压强降小，一般只有泡罩塔板的三分之一到二分之一，结构简单，金属耗用量小，在一定负荷范围内效率较高。缺点是操作弹性小，稳定性较差。

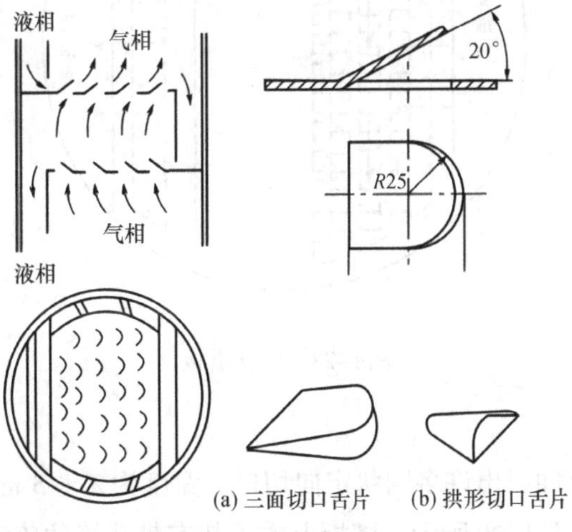

图1-26 舌形塔板结构及舌孔、舌片形状

（2）浮舌塔板

浮舌塔板是在20世纪60年代初开始使用的，它综合了浮阀和固定舌形塔板的优点，将固定舌片改成可以上下浮动的舌片，浮舌的开启程度可以随着气相负荷的变化而自行调节，其结构如图1–27所示。操作时，当舌片在全开的状态下时，它和舌形塔板一样；当气速较小时，它又可以随着阀的浮动而自动调整气流通道的大小，仍保持适宜的缝隙气速，强化了气液两相间的传质过程，并减少或消除了漏液。浮舌塔板具有生产能力大、操作弹性大、压降小、稳定性好及塔板效率高等优点，特别适宜于热敏性物系的减压分离过程；缺点是在操作过程中浮舌比较容易磨损。

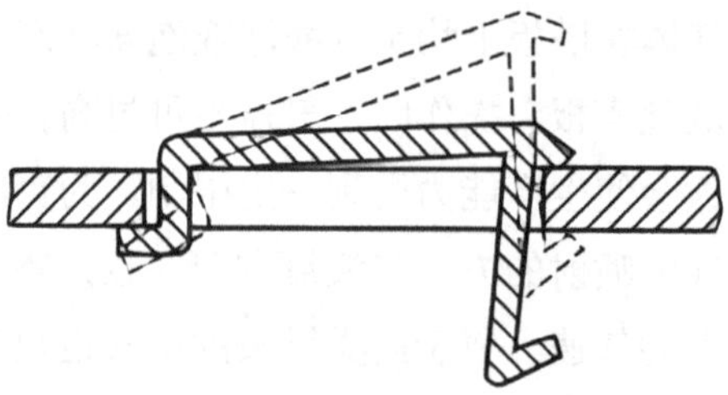

图1–27　浮舌塔板

（3）斜孔塔板

斜孔塔板如图1–28所示，它也是在舌形塔板上发展而来的塔板，舌孔的开口方向与液流垂直且相邻两排开孔方向相反，既保留了气体水平喷出、气液高度湍动的优点，又避免了液体连续加速，可维持板上均匀的低液面，从而既能获得大的生产能力，又能达到好的传质效果。

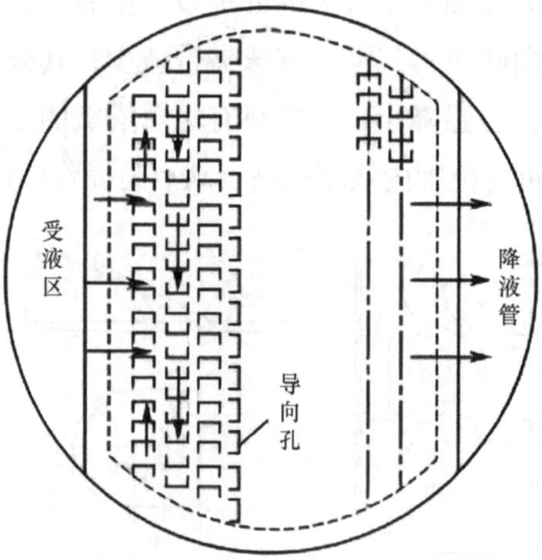

图1–28　斜孔塔板

（4）网孔塔板

网孔塔板是在塔板上冲压出许多网状定向切口，宽度为2 ～ 5 mm，网孔的开口方向与塔板水平夹角约为60°，如图1–29所示。塔板上方还装有带孔缝的碎流板，用来拦截气流所携

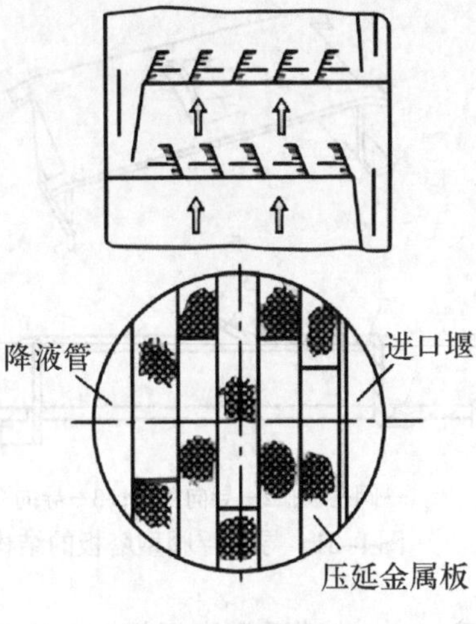

图1–29　网孔塔板

带的微小液滴，同时，在碎流板上气液之间也进行传质，充分利用了塔板上方的空间。塔板上按碎流板的安放位置将塔板分成不同的区域，不同区域内气孔的开口方向不同，使液体在板上做多程折流，以增加液体流程长度，提高塔板效率。网孔塔板不需设出口堰。

网孔塔板在操作时，气流通过网孔与板上的液体充分接触，由于气速高，会将液体分散成细小的液滴，形成喷射状态。当气液两相在塔板上从某一区域流入另一区域时，方向发生90°变化，增加了气液两相间的接触时间，并且可以通过合理安置网孔的开口方位，消除塔板上的死区。

网孔塔板具有处理能力大、压降低及塔板效率高等优点，特别适用于直径大于1 200 mm的大塔，但不适用于小塔。因为在小塔径塔中，塔板和碎流板的布置都很困难，分离效果也不好。

（5）垂直筛板

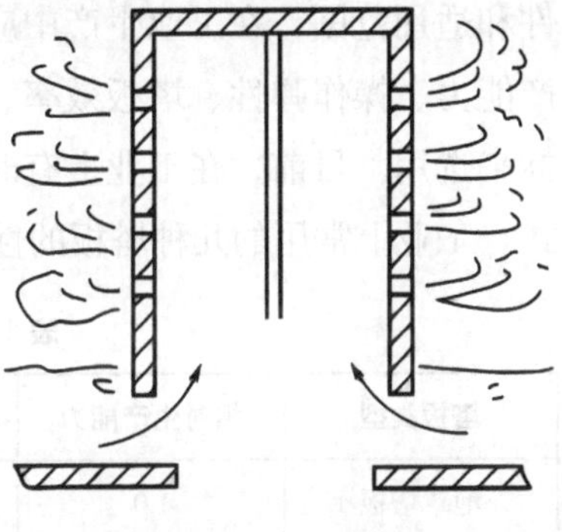
图1–30　垂直筛板

垂直筛板是近年来开发出的一种新型喷射型塔板，在塔板上开有若干直径为100～200 mm的大筛孔，大筛孔上安装侧壁开有许多小筛孔的圆形泡罩，泡罩下缘与塔板有一定的间隙使液体能进入罩内，其结构如图1–30所示。

垂直筛板在操作时，板上液体被大筛孔上升的气体拉成膜状，沿泡罩内壁向上流动，并与气流一起经泡罩侧壁筛孔水平喷出，之后气体上升，液体落回塔板。落回塔板的液体将重新进入泡罩，再次被吹成液滴由筛孔喷出，液体自塔板入口流至降液管。多次经过上述过程，为气液两相传质提供了很大的不断更新的相际接触表面，提高了塔板效率。垂直筛板要求一定的液层高度，以维持泡罩底部的液封并保证一定的进入泡罩的液体量，故必须设置溢流堰。

垂直筛板集中了泡罩塔板、筛孔塔板及喷射型塔板的特点，具有液沫夹带量小、生产能力大及传质效率高等优点，其综合性能优于斜孔塔板。

5. 导向浮阀型塔板

浮阀塔板的类型有多种，工业上常用的F1型浮阀塔板也具有不少优点。但随着科技不断进步，人们加深了对塔设备的研究，逐渐发现了F1型浮阀塔板的一些不足之处。例如，塔板上液面梯度较大，使气体在液体流动方向上分布不均匀，在塔板的进口端易产生过量的泄漏；F1型浮阀为圆形，从阀孔出来的气体向四面八方吹出，使塔板上的液体返混程度较大，这些都会使塔板效率降低。另外，在操作中，F1型浮阀不停地转动，浮阀和阀孔容易磨损，浮阀易脱落。

为了克服F1型浮阀塔板的上述缺点，开发和研制了导向浮阀型塔板，如图1–31所示。

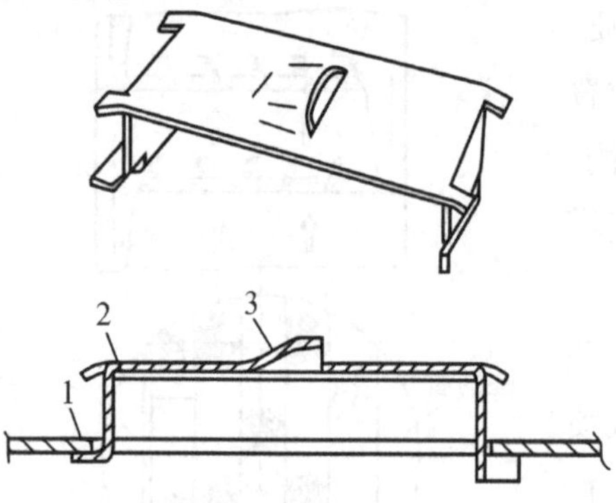

1—阀孔板；2—导向浮阀；3—导向孔。

图1-31　导向浮阀型塔板的结构

导向浮阀型塔板上配有导向浮阀，浮阀上有一个或两个导向孔，导向孔的开口方向与塔板上的液流方向一致。在操作中，从导向孔喷出的少量气体推动塔板上的液体流动，从而可明显减少甚至完全消除塔板上的液面梯度。导向浮阀为矩形，两端设有阀腿。在操作中，气体从浮阀的两侧流出，气体流出的方向垂直于塔板上的液体流动方向，并且由于导向浮阀在操作中不转动，浮阀无磨损，不脱落。

实验表明，在同样条件下，导向浮阀型塔板的压降较小，雾沫夹带较少，泄漏较少，塔板效率较高。与F1型浮阀塔板相比，生产能力可提高30%，塔板效率提高10% ～ 20%，塔板压降减小20%以上。对于加压或常压操作条件下的蒸馏、吸收、汽提等传质过程，用导向浮阀型塔板代替F1型浮阀塔板，可获得显著的经济效益。

板式塔的结构形式多种多样，各种塔板结构也都具有各自的特点，有各自适宜的生产条件和适用范围，在工业生产中应根据生产工艺的要求来选择合适的塔板类型。一般可根据生产能力、操作弹性、塔板效率、塔板压力降、制造费用、安装维修是否方便等经济、技术指标来选用。目前，在工业上有时会根据生产工艺的需求，采用两种或两种以上塔板的复合型式。工业上常用的几种塔板的性能如表1-4所示，可作为选择塔板类型时的参考。

表1-4　工业上常用的几种塔板的性能比较

塔板类型	相对生产能力	相对塔板效率	操作弹性	压力降	结构	相对成本
泡罩塔板	1.0	1.0	中	高	复杂	1.0
筛孔塔板	1.2 ～ 1.4	1.1	低	低	简单	0.4 ～ 0.5
浮阀塔板	1.2 ～ 1.3	1.1 ～ 1.2	大	中	一般	0.7 ～ 0.8
舌形塔板	1.3 ～ 1.5	1.1	小	低	简单	0.5 ～ 0.6
斜孔塔板	1.5 ～ 1.8	1.1	中	低	简单	0.5 ～ 0.6

五、板式塔内气液接触状态

塔板上气液两相的接触状态是决定板上两相流体力学及传质和传热效率的重要因素。当液体流量一定时，随着气速的增加，气液两相可以出现四种不同的接触状态：鼓泡接触状态、蜂窝状接触状态、泡沫接触状态和喷射接触状态。

1. 鼓泡接触状态

当气速较低时，气体以鼓泡形式通过液层。由于气泡的数量不多，形成的气液混合物基本上以液体为主，此时塔板上存在着大量的清液。因气泡占的比例较小，气液两相接触的表面积不大，传质效率很低。

2. 蜂窝状接触状态

随着气速的增加，气泡的数量不断增加。当气泡的形成速率大于气泡的浮升速率时，气泡在液层中累积。气泡之间相互碰撞，形成各种多面体的大气泡，板上清液层基本消失，而形成以气体为主的气液混合物。因为气泡不易破裂，表面得不到更新，所以此种状态不利于传热和传质。

3. 泡沫接触状态

当气速继续增加，气泡数量会急剧增加，气泡之间不断发生碰撞和破裂。此时板上液体大部分以液膜的形式存在于气泡之间，形成一些直径较小、扰动十分剧烈的动态泡沫，在板上只能看到较薄的一层液体。由于泡沫接触状态的表面积大，并不断更新，这就为两相传热与传质提供了良好的条件，是一种较好的接触状态。

4. 喷射接触状态

当气速继续增加，由于气体动能很大，气体会把板上的液体向上喷成大小不等的液滴，直径较大的液滴受重力作用又落回到板上，直径较小的液滴被气体带走，形成液沫夹带。此时塔板上的气体为连续相，液体为分散相，两相传质的面积是液滴的外表面。由于液滴回到塔板上又被分散，这种液滴的反复形成和聚集，使传质面积大大增加，而且表面不断更新，有利于传质与传热进行，也是一种较好的接触状态。

喷射接触状态是塔板操作的极限，易引起较多的液沫夹带，因此工业生产中，塔板上气液两相的接触状态一般控制为泡沫接触状态。

六、板式塔内气液两相的流动

1. 板式塔内气液两相的理想流动

为获得最大的传质推动力，塔内气液两相在总体上呈逆流流动，在每块塔板上呈错流流动。操作时，塔内液体依靠重力作用，自上而下流经各层塔板，由上层塔板的降液管流到下层塔板的受液盘，然后横向流过塔板，从降液管流至下一层塔板，并在每层塔板上保持一定的液层；气体则在压力差的推动下，自下而上穿过各层塔板的气体通道（泡罩、筛孔或浮阀等），分散成小股气流。在塔板上，气液两相密切接触，进行热量和质量的交换。在板式塔中，气液两相逐级接触，两相的组成沿塔高呈阶梯式变化。

2. 板式塔内气液两相的非理想流动

（1）空间上的反向流动

空间上的反向流动是指与主体流动方向相反的液体或气体的流动，主要有以下两种：

① 液沫夹带。上升气流穿过塔板上液层时，必然将部分液体分散成微小液滴，气体夹带着这些液滴在板间的空间上升，如果液滴来不及沉降分离，则将随气体进入上层塔板。这种板上液体被上升气体带入上一层塔板的现象称为液沫夹带。液沫夹带量主要与气速和板间距有关，它随气速的增大和板间距的减小而增加。

液沫夹带是一种液相在塔板间的返混现象，使传质推动力减小，塔板效率下降。为保证传质的效率，维持正常操作，需将液沫夹带限制在一定范围，一般允许的液沫夹带量$e_V < 0.1$ kg（液）/kg（气）。

② 气泡夹带。由于液体在降液管中停留时间过短，使气泡来不及解脱而被液体带入下一层塔板的现象称为气泡夹带。气泡夹带是与气体的流动方向相反的气相返混现象，它会使传质推动力减小，从而降低塔板效率。

通常在靠近溢流堰的地方设置出口安定区，使液体进入降液管前有一定时间脱除其中所含的气体，减少气相返混现象。为避免严重的气泡夹带，工程上规定，液体在降液管内应有足够的停留时间，一般不得低于5 s。

（2）空间上的不均匀流动

空间上的不均匀流动是指气体或液体流速的不均匀分布。与返混现象一样，不均匀流动同样使传质推动力减小。

① 气体沿塔板的不均匀分布。从降液管流出的液体横跨塔板流动必须克服阻力，板上液面将出现位差，塔板进、出口侧的清液高度差称为液面落差。液面落差的大小与塔板结构有关，还与塔径和液体流量有关。液体流量越大，行程越长，液面落差越大。

液面落差的存在将导致气流的不均匀分布，如图1-32所示。在塔板入口处，液层阻力大，气量小于平均数值；在塔板出口处，液层阻力小，气量大于平均数值。

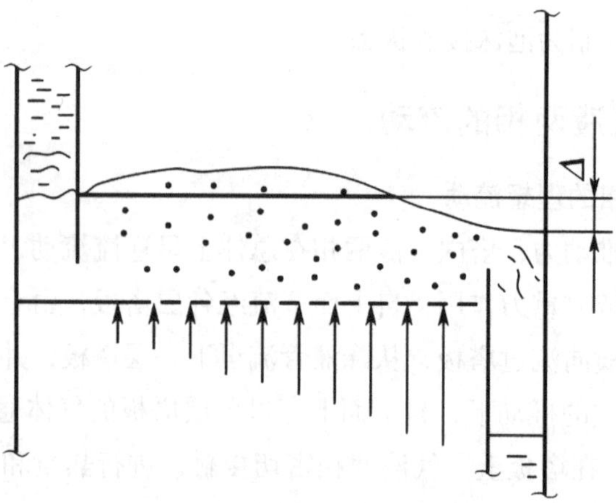

图1-32　气体沿塔板的不均匀分布

不均匀的气流分布对传质是一个不利因素。为此，对于直径较大的塔，设计中常采用双溢流或阶梯流等溢流形式来减小液面落差，以降低气体的不均匀分布。

② 液体沿塔板的不均匀流动。液体自塔板一端流向另一端时，在塔板中央，液体行程较短而直，阻力小，流速大。在塔板边缘部分，行程长而弯曲，又受到塔壁的牵制，阻力大，因而流速小，如图1-33所示。因此，液流量在塔板上的分配是不均匀的，这种不均匀性的发展会在塔板上形成一些液体流动不畅的滞留区。

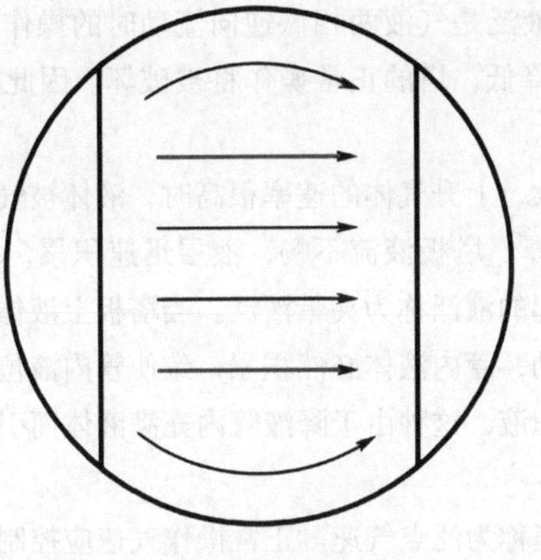

图1-33 液体沿塔板的不均匀流动

与气体分布不均匀相仿，液流不均匀性所造成的总结果是使塔板的物质传递量减少，也是一个不利因素。液流分布的不均匀性与液体流量有关，低流量时该问题尤为突出，可导致气液接触不良，易产生干吹、偏流等现象，使塔板效率下降。为避免液体沿塔板流动严重不均，操作时一般要保证出口堰上液层高度不得低于6 mm，否则宜采用上缘开有锯齿形缺口的堰板。

塔板上的非理想流动虽然不利于传质过程的进行，影响传质效果，但塔还是可以维持正常操作的。

3. 板式塔的异常操作现象

（1）严重漏液

当气体通过塔板的速率较小，气体通过升气孔道的动压不足以阻止板上液体经孔道流下时，便会出现漏液现象。漏液的发生导致气液两相在塔板上的接触时间减少，塔板效率下降。若塔板上漏液量达到液体流量的10%时称为严重漏液，严重漏液会使塔板不能积液而无法正常操作。漏液量达到10%时的气体速率称为漏液点气速，它是板式塔操作气速的下限。

造成漏液的主要原因是气速太小和板面上液面落差所引起的气流分布不均匀。在塔板液体入口处，液层较厚，往往出现漏液，为此在塔板液体入口处留出一条不开孔的安定区，也会防止漏液。

（2）严重液沫夹带

塔板上液沫夹带量超过0.1 kg（液）/kg（气）时称为严重液沫夹带。精馏操作时，液沫夹带不可避免，但过量的液沫夹带会造成塔内液相返混严重，塔板效率严重下降，无法正常操作。

（3）液泛

为使液体能稳定地流入下一层塔板，降液管内必须维持一定高度的液柱。如果降液管中液体高度超过上层塔板的溢流堰顶部，板上液体将无法顺利流下，液体充满塔板之间的空间，这种现象称为液泛。液泛是气液两相做逆向流动时的操作极限。发生液泛时，压力降急剧增大，塔板效率急剧降低，塔的正常操作将被破坏。因此，在实际操作中应避免这种现象的发生。

当塔板上气体流量很大，上升气体的速率很高时，液体被气体夹带到上一层塔板上的量剧增，使上层塔板液层增厚，塔板液流不畅，液层迅速积累，塔板间充满气液混合物，这种由于严重的液沫夹带引起的液泛称为夹带液泛。当塔板上液体流量过大时，降液管阻力增加，液体不能顺利向下流动，管内液体必然积累，致使管内液位增高而越过溢流堰顶部，两板间液体相连，塔板产生积液，这种由于降液管内充满液体而引起的液泛称为降液管液泛或溢流液泛。

开始发生液泛时的气速称为泛点气速。正常操作气速应控制在泛点气速之下。影响液泛的因素除了气、液相流量外，还与塔板的结构，特别是塔板间距有关。塔板间距增大，可提高泛点气速。

【学习诊断】

一、选择题

1. 下列塔设备中，操作弹性最小的是（　　）。

A. 筛孔塔板　B. 浮阀塔板　C. 泡罩塔板　D. 浮舌塔板

2. 舌形塔板属于（　　）。

A. 泡罩塔板　B. 浮阀塔板　C. 筛孔塔板　D. 喷射型塔板

3. 下列叙述错误的是（　　）。

A. 板式塔内以塔板作为气液两相接触传质的基本构件

B. 安装出口堰是为了保证气液两相在塔板上有充分的接触时间

C. 降液管是塔板间液流通道，也是溢流液中所夹带气体的分离场所

D. 降液管与下层塔板的间距应大于出口堰的高度

4. 工业上常见的板式精馏塔从全塔总体上看气液两相呈（　　）流动。

A. 逆流　B. 并流　C. 错流　D. 混合流动

5. 板式塔板上气液两相接触状态有（　　）。

A. 2种　B. 3种　C. 4种　D. 5种

6. 塔板上造成气泡夹带的原因是（　　）。

A. 气速过大　B. 气速过小　C. 液流量过大　D. 液流量过小

7. 下列哪种情况不是诱发降液管液泛的原因（　　）。

A. 液、气负荷过大　B. 过量雾沫夹带　C. 塔板间距过小　D. 过量漏液

8. 下列判断不正确的是（　　）。

A. 上升气速过大引起漏液

B. 上升气速过大造成过量雾沫夹带

C. 上升气速过大引起液泛

D. 上升气速过大造成大量气泡夹带

9. 由气体和液体流量过大两种原因共同造成的是（　　）现象。

A. 漏液　B. 液沫夹带　C. 气泡夹带　D. 液泛

二、判断题

（　　）1. 浮阀塔缺点是浮阀易被粘、锈和卡住。

（　　）2. 板式塔的主要部件包括塔体、封头、塔裙、接管、人孔、塔盘等。

（　　）3. 错流塔板有单溢流和双溢流两种溢流形式。

（　　）4. 板式精馏塔是逐级接触式的气液传质设备。

（　　）5. 塔内提供气液两相充分接触的场所是塔板。

（　　）6. 雾沫夹带过量是造成精馏塔液泛的原因之一。

任务4 确定精馏操作的工艺参数

学习目标

知识目标

- 掌握全塔物料衡算。
- 理解恒摩尔流假定，掌握精馏塔的操作线方程及应用。
- 掌握进料状况的影响，进料方程及精馏操作线的绘制。
- 掌握逐板计算法、图解法求取理论板数的方法，理解最优进料位置的确定方法。
- 掌握回流比的影响与选择方法。

能力目标

- 能确定精馏塔产品流量及质量。
- 能确定精馏的回流比。
- 能根据生产任务确定塔板层数。

一、全塔物料衡算

为了确定连续精馏过程的馏出液、残液的流量及其组成与原料液的流量及其组成之间的定量关系，必须对全塔进行物料衡算。

1. 理论板概念与恒摩尔流假定

（1）理论板概念

理论板是指离开该板的气液两相互成平衡，并且该板上的液相组成也可视为均匀一致的。也就是说，在理论板上，气液两相温度相等，组成达到平衡，即气液两相符合相平衡方程。

$$y=\frac{ax}{1+(a-1)x} \tag{1-1}$$

但实际上，由于塔板上气液两相间接触面积和接触时间是有限的，因此在任何一种型式的塔板上，气液两相均很难真正达到平衡状态。也就是说，实际上理论板并不存在，在工程设计中只是用它作为衡量实际塔板分离效果的依据和标准。通常在设计中，先求得理论塔板数，然后通过适当的校正就可以得出实际塔板数。

（2）恒摩尔流假定

为了简化精馏过程，便于得出操作关系的方程，通常做如下假设。

① 恒摩尔流假定的前提条件。在精馏塔塔板上气、液两相接触时，若有 n（kmol）的蒸气冷凝，相应就会有 n（kmol）的液体汽化，这种条件下，必须满足的条件是：

a. 各组分的摩尔汽化潜热相等。

b. 气液两相接触时，因温度不同而交换的显热可以忽略。

c. 塔设备保温良好，热损失可以忽略。

② 恒摩尔流假定内容。

a. 恒摩尔气流。精馏操作时，在精馏塔中，精馏段内每层塔板上升蒸气的摩尔流量相等，提馏段内也是如此，但两段上升蒸气的摩尔流量不一定相等。即有

精馏段　　$V_1=V_2=V_3=\cdots=V=$ 常数，

提馏段　　$V_1'=V_2'=V_3'=\cdots=V'=$ 常数.

其中，V,V' 分别代表精馏段和提馏段上升蒸气的摩尔流量，单位为kmol/h；下标1,2…表示自上而下的塔板序号（以下同）。

b. 恒摩尔液流。精馏操作时，在精馏塔中，精馏段内每层塔板下降的液体摩尔流量相等，提馏段内也是如此，但两段下降液体的摩尔流量不一定相等。即有

精馏段　　$L_1=L_2=L_3=\cdots=L=$ 常数，

提馏段　　$L_1'=L_2'=L_3'=\cdots=L'=$ 常数.

其中，L,L' 分别代表精馏段和提馏段下降液体的摩尔流量，单位为kmol/h。

引入理论板概念，通过恒摩尔流假定，可简化精馏过程的分析与计算。

2. 全塔物料衡算

全塔进、出物料的情况如图1-34所示。

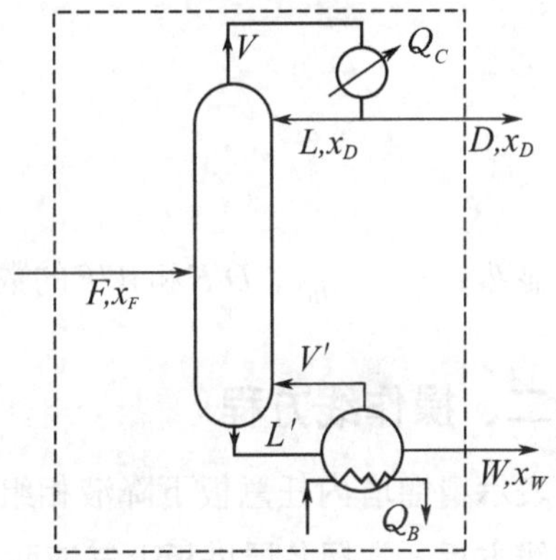

图1-34　全塔的物料衡算

由于是稳定连续操作的精馏塔，进料量应该等于出料量，因此，以单位时间为基准，对精馏塔全塔进行物料衡算，可得以下表达式：

总物料衡算：

$$F=D+W \tag{1-2}$$

易挥发组分的物料衡算：

$$Fx_F=Dx_D+Wx_W \tag{1-3}$$

式中：

F—原料液量，单位为kmol/h。

D—塔顶产品（馏出液）量，单位为kmol/h。

W—塔底产品（塔釜残液）量，单位为kmol/h。

x_F—原料液组成，摩尔分率。

x_D—塔顶产品组成，摩尔分率。

x_W—塔底产品组成，摩尔分率。

在精馏计算中，对分离过程除了要求用塔顶和塔底的产品组成表示外，有时还用回收率表示。回收率是指回收原料液中易挥发（难挥发）组分的百分数，分为两部分：

塔顶易挥发组分的回收率η_D：

$$\eta_D = \frac{Dx_D}{Fx_F} \times 100\% \tag{1-4}$$

塔釜难挥发组分的回收率η_W：

$$\eta_W = \frac{W(1-x_D)}{F(1-x_F)} \times 100\% \tag{1-5}$$

联立式（1-2）和式（1-3）还可得馏出液的采出率D/F和釜液采出率W/F，即有

$$\frac{D}{F} = \frac{x_F - x_W}{x_D - x_W} \tag{1-6}$$

$$\frac{W}{F} = \frac{x_D - x_F}{x_D - x_W} \tag{1-7}$$

显然，η_D、η_W、D/F和W/F的数值均应在0～1之间。

二、操作线方程

表示精馏塔内任意板下降液相组成x_n与其下一层板上升蒸气组成y_{n+1}之间的关系式称为操作线方程。掌握各层塔板上气液两相组成的变化规律，对确定精馏塔中完成分离任务所需要的塔板数具有重要的意义。

操作线方程可以通过物料衡算得出，由前述的恒摩尔假定可知，在连续精馏塔中，由于原料液的不断加入，精馏段和提馏段上升的蒸气量和下降的液体量不一定相等，致使精馏段和提馏段具有不同的操作关系，因此，必须分别讨论它们的气液两相组成的变化规律。

1. 精馏段操作线方程

对稳定操作的连续式精馏塔，可做出精馏段任意一个局部封闭系统的物料衡算。例如，图1-35中所示的虚线范围内，做包括冷凝器及精馏段的第n+1层板以上塔段的物料衡算。

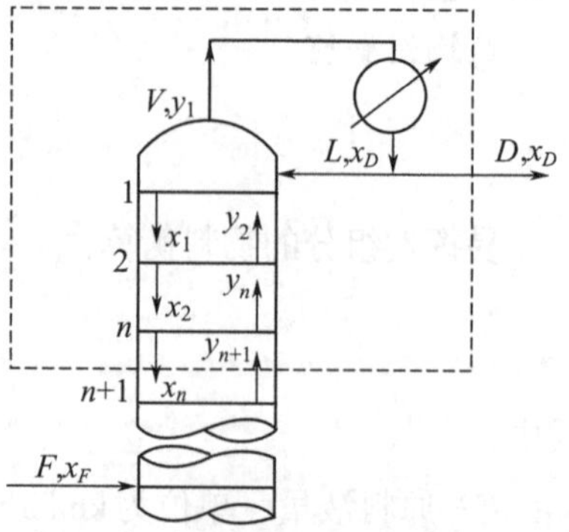

图1-35　精馏段操作线方程推导示意图

以单位时间为基准，即可得出：

总物料衡算：

$$V=L+D \tag{1-8}$$

易挥发组分的物料衡算：

$$Vy_{n+1}=Lx_n+Dx_D \tag{1-9}$$

式中：

V—精馏段内每块塔板上升的蒸气摩尔流量，单位为kmol/h。

L—精馏段内每块塔板下降的液体摩尔流量，单位为kmol/h。

y_{n+1}—从精馏段第n+1层板上升的蒸气组成，摩尔分率。

x_n—从精馏段第n层板下降的液体组成，摩尔分率。

由以上两式整理可得

$$y_{n+1}=\frac{L}{V}x_n+\frac{D}{V}x_D \tag{1-10}$$

令$R=L/D$，R称为回流比，于是上式可写为

$$y_{n+1}=\frac{R}{R+1}x_n+\frac{1}{R+1}x_D \tag{1-11}$$

式（1-10）和式（1-11）均称为精馏段操作线方程式。它表明在一定操作条件下，精馏段内自任意板（第n层板）下降的液相组成x_n与来自下一层板（第n+1层板）上升的气相组成y_{n+1}之间的关系。在稳定操作条件下，回流比R是常量，其值一般由设计者选定，馏出液组成也由工艺条件所规定。因此，如果把精馏段操作线方程绘制在y–x图上，该方程式中y与x的关系是一条斜率为$\frac{R}{R+1}$、截距为$\frac{x_D}{R+1}$的直线，称为精馏段操作线。由式（1-11）可知，当$x_n=x_D$时，$y_{n+1}=x_D$，即该点位于y–x图的对角线上，即图1-36中的点a；当x_n=0时，$y_{n+1}=x_D/(R+1)$，该点位于y轴上，即图1-36中的点b，则直线ab即为精馏段操作线。

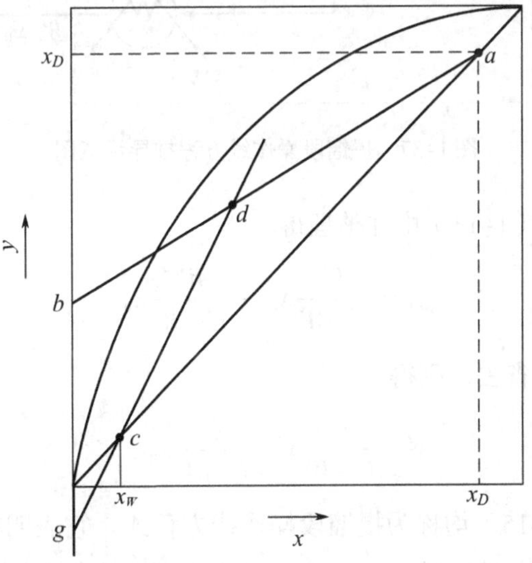

图1-36 精馏塔的操作线

2. **提馏段操作线方程**

与求取精馏段操作线方程式的方法相同，在图1–37的虚线范围内，做包括再沸器及提馏段第m层板以下塔板的物料衡算，以单位时间为基准，即可得出：

总物料衡算：

$$L' = V' + W \tag{1-12}$$

易挥发组分衡算：

$$L'x'_m = V'y'_{m+1} + Wx_W \tag{1-13}$$

式中：

V'—提馏段上升蒸气的摩尔流量，单位为kmol/h。

L'—提馏段下降液体的摩尔流量，单位为kmol/h。

x'_m—提馏段第m层板下降液相中易挥发组分的摩尔分率。

y'_{m+1}—提馏段第m+1层板上升蒸气中易挥发组分的摩尔分率。

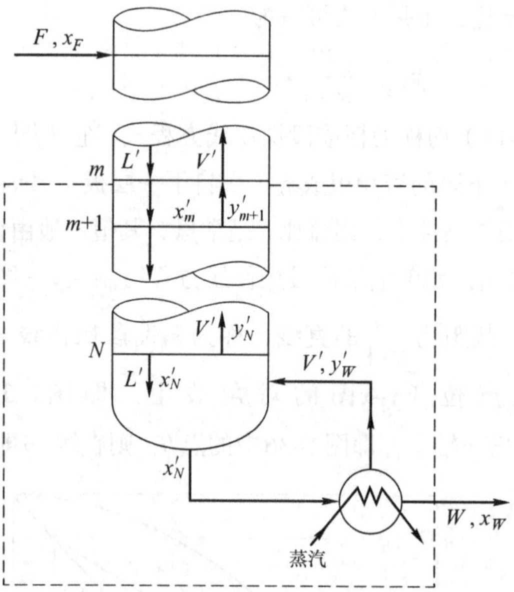

图1–37　提馏段操作线方程推导示意图

将式（1–12）代入式（1–13）中并整理得

$$y'_{m+1} = \frac{L'}{L' - W}x'_m - \frac{W}{L' - W}x_W \tag{1-14}$$

为方便起见，将下标省去，则得

$$y' = \frac{L'}{L' - W}x' - \frac{W}{L' - W}x_W \tag{1-15}$$

式（1–14）和式（1–15）均称为提馏段操作线方程式。它表明在一定操作条件下，提馏段内自任意板（第m层板）下降的液相组成x'_m与来自下一层板（第m+1层板）上升的气相组成y'_{m+1}之间的关系。在稳定操作条件下，L'、W和x_W都是由工艺条件确定的，因此，如果把提馏段操作线绘制在y–x图上，也是一条直线，该直线的斜率为$\frac{L'}{L'-W}$，截距为$\frac{W}{L'-W}$。由式（1–14）可知，当$x_m'=x_W$时，$y'_{m+1}=x_W$，该点位于y–x图的对角线上，即图1–36中的点c；当$x'_m=0$时，$y'_{m+1}=-Wx_W/(L'-W)$，该点位于y轴上，即图1–36中的点g，则直线cg即为提馏段操作线。由图1–36可见，精馏段操作线和提馏段操作线相交于点d。

实际上，提馏段中的液体流量L'不像精馏段中液体流量L那样容易测定，即使在L一定的情况下，L'还与进料量F及进料热状况有关。

三、进料热状况对操作线的影响

1. 精馏塔的进料热状况

在实际生产中，原料需要经过预热后才能进入精馏塔，因此，原料可能有以下五种不同的受热情况。

① 冷液体进料，即进料温度低于泡点（$t<t_{泡}$）。

② 饱和液体进料，即进料温度等于泡点（$t=t_{泡}$）。

③ 气液混合物进料，即进料温度介于泡点和露点之间（$t_{泡}<t<t_{露}$）。

④ 饱和蒸气进料，即进料温度等于露点（$t=t_{露}$）。

⑤ 过热蒸气进料，即进料温度高于露点（$t>t_{露}$）。

2. 进料热状况对加料板物流的影响

在精馏塔内，由于原料的热状态不同，将使精馏段和提馏段的液体流量L与L'间的关系以及上升蒸气量V与V'均发生变化。五种可能的进料热状况对精、提两段气液两相流量的影响，如图1–38所示。

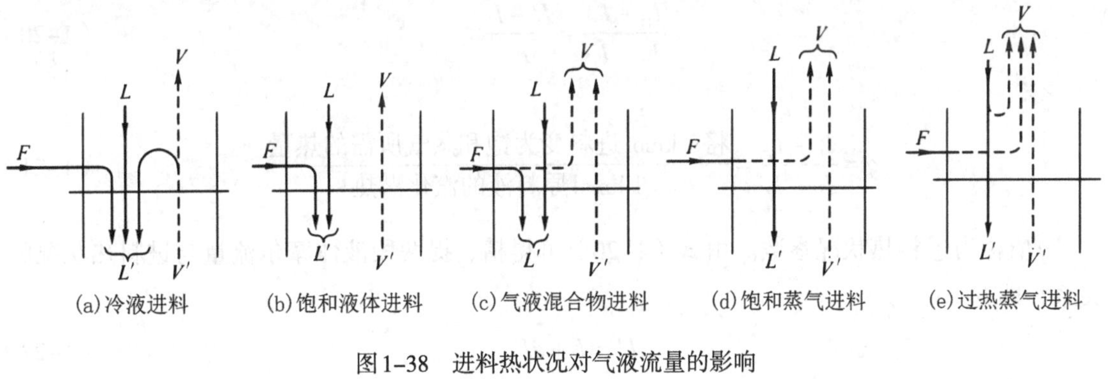

图1–38　进料热状况对气液流量的影响

3. 进料热状态参数

在图1–39的虚线范围内做出加料板的物料衡算及热量衡算，以单位时间为基准，即有

物料衡算：

$$F+V'+L=V+L' \tag{1–16}$$

热量衡算：

$$FI_F + V'I'_V + LI_L = VI_V + L'I'_L \tag{1-17}$$

式中：

I_F— 原料液焓，单位为kJ/kmol。

I_V，I'_V— 加料板上、下的饱和蒸气焓，单位为kJ/kmol。

I_L，I'_L— 加料板上、下的饱和液体焓，单位为kJ/kmol。

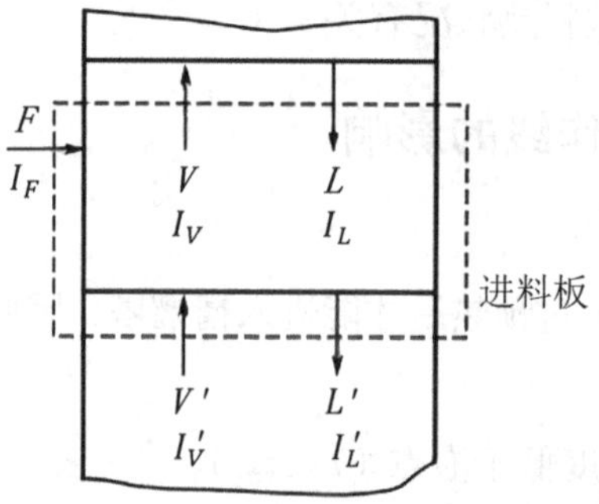

图1-39　加料板上物料衡算和热量衡算

因塔内各层板上的蒸气和液体均处于饱和状态，并且加料板与相邻上、下板温度及气液相组成都很相近，所以可近似取$I_V \approx I'_V$，$I_L \approx I'_L$，代入式（1-17）得

$$FI_F + V'I_V + LI_L = VI_V + L'I_L \tag{1-18}$$

移项整理得

$$(V - V')I_V = FI_F - (L' - L)I_L \tag{1-19}$$

将式（1-16）代入，整理得

$$\frac{I_V - I_F}{I_V - I_L} = \frac{L' - L}{F} \tag{1-20}$$

令

$$q = \frac{I_V - I_F}{I_V - I_L} = \frac{\text{将1 kmol进料变为饱和蒸气所需的热量}}{\text{1 kmol原料液的汽化潜热}} \tag{1-21}$$

q值称为进料热状况参数。由式（1-20）可得精、提两段液体摩尔流量与进料热状况的关系，即有

$$L' = L + qF \tag{1-22}$$

将式（1-16）代入式（1-22），可得精、提两段气体摩尔流量与进料热状况的关系为

$$V = V' + (1 - q)F \tag{1-23}$$

由式（1-22）可见，q值的意义为每进料1 kmol/h时，提馏段中的液体流量较精馏段中增大的kmol/h值。对于饱和液体进料、气液混合进料及饱和蒸气进料而言，q值等于进料中液相所占的百分率。

根据q值的大小将进料分为以下五种情况。

（1）$q=1$，泡点液体进料

原料液加入后不会在加料板上产生汽化或冷凝，进料全部作为提馏段的回流液，两段上升蒸气流量相等，即有

$$L' = L + F \qquad V' = V$$

（2）$q=0$，饱和蒸气进料

进料中没有液体，整个进料与提馏段上升的蒸气V'汇合进入精馏段，两段的回流液流量则相等，即有

$$L' = L \qquad V = V' + F$$

（3）$0<q<1$，汽液混合进料，有

$$L' = L + qF \qquad V = V' + (1-q)F$$

（4）$q>1$，冷液进料

因原料液温度低于加料板上沸腾液体的温度，原料液入塔后需要吸收一部分热量使全部进料加热到板上液体的泡点温度，这部分热量由提馏段上升的蒸气部分冷凝提供。此时，提馏段下降液体流量L'由三部分组成：①精馏段回流液流量L；②原料液流量F；③提馏段蒸气冷凝液流量。由于部分上升蒸气冷凝，致使上升到精馏段的蒸气流量V比提馏段的V'要少，即有

$$L' > L + F \qquad V' > V\text{(其差额为蒸气冷凝量)}$$

（5）$q<0$，过热蒸气进料

过热蒸气入塔后不仅全部与提馏段上升蒸气V'汇合进入精馏段，还要放出显热成为饱和蒸气，此显热使加料板上的液体部分汽化。此情况下，进入精馏段的上升蒸气流量包括三部分：①提馏段上升蒸气流量V'；②原料液的流量F；③加料板上部分汽化的蒸气流量。由于部分液体汽化，下降到提馏段的液体流量要比精馏段的L要少，即有

$$L' < L\text{(其差额为液体汽化量)} \qquad V > V' + F$$

4. 进料方程

进料方程也称q线方程，是指精馏段操作线与提馏段操作线交点的轨迹方程，故可由精馏段和提馏段操作线方程联立求得，即有

$$Vy = Lx + Dx_D$$
$$V'y = L'x - Wx_W$$

将式（1–22）、式（1–23）和式（1–2）分别代入后整理得

$$y = \frac{q}{q-1}x - \frac{x_F}{q-1} \qquad (1\text{–}24)$$

式（1–24）称为q线方程。在进料热状况及进料组成确定的条件下，q及x_F为定值，进料方程为一直线方程。但由于进料热状态参数q值不同，q线的位置就不同，就会造成q线与精馏段操作线的交点不同，从而提馏段操作线的位置也相应变化，如图1–40所示。

根据不同的q值，将五种不同进料热状况下的q线斜率值及其方位标绘在图1–41并列于表1–5中。

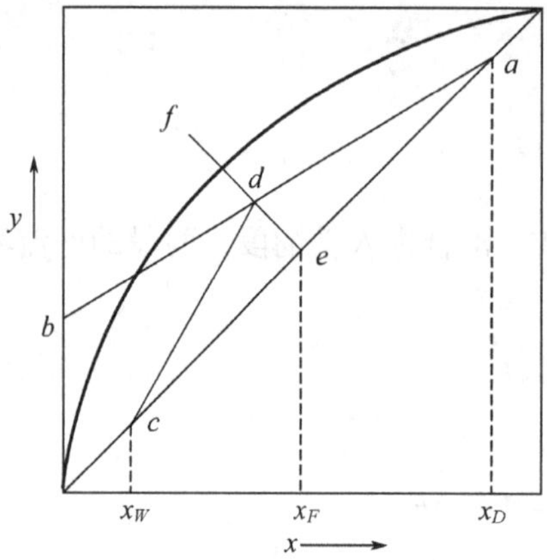

图1–40　q线与操作线

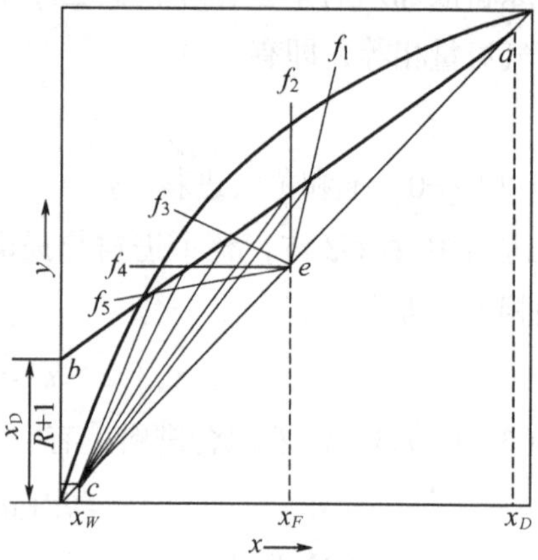

图1–41　进料热状况对操作线的影响

表1–5　进料热状况对q线的影响

进料热状况	进料的焓I_F	q值	$q/(q-1)$	q线在y–x图上的位置
冷液体	$I_F<I_L$	>1	+	ef_1(↗)
饱和液体	$I_F=I_L$	1	∞	ef_2(↑)
气液混合物	$I_L<I_F<I_V$	$0<q<1$	—	ef_3(↖)
饱和蒸气	$I_F=I_V$	0	0	ef_4(←)
过热蒸气	$I_F>I_V$	<0	+	ef_5(↙)

四、理论板数的确定

塔板是气液两相传质、传热的场所，精馏操作要达到工业上的分离要求，精馏塔需要有足够层数的塔板。理论上塔板数的计算，需要借助气液的相平衡关系和精馏的操作关系。

目前，工程上确定塔板数的方法是首先确定理论板层数$N_{理}$，然后再求实际塔板数$N_{实}$。在计算理论板数时，一般需已知原料液组成、进料热状态、操作回流比及所要求的分离程度，利用气液相平衡关系和操作关系求得。精馏塔理论塔板数的计算，常用的方法有逐板计算法和图解法。

1. 逐板计算法

（1）理论依据

对于理论塔板，离开每一层塔板的气、液相组成满足相平衡方程；而相邻两块塔板间相遇的气、液相组成之间属操作关系，满足操作线方程。这样，交替地使用相平衡方程和操作线方程逐板计算每一块塔板上的气、液相组成，所用相平衡方程的次数就是理论塔板数。

（2）方法

如图1–42所示，该塔为连续精馏塔，采用泡点进料，塔顶采用全凝器，泡点回流，塔釜采用间接蒸汽加热。以图1–42的精馏塔为例，从塔顶开始计算：

$y_1 = x_D \xrightarrow{\text{平衡关系}} x_1 \xrightarrow{\text{精馏段操作关系}} y_2 \xrightarrow{\text{平衡关系}} x_2 \xrightarrow{\text{精馏段操作关系}} y_3$ 直至 $x_n \leqslant x_F$（泡点进料）

$x_n = \xrightarrow{\text{提馏段操作关系}} y_{n+1} \xrightarrow{\text{平衡关系}} x_{n+1}$ 直至 $x_N \leqslant x_W$

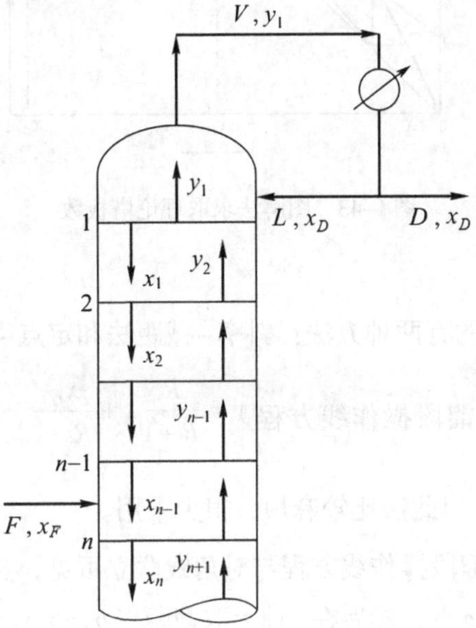

图1–42　逐板计算法示意图

注意：①从 $y_1 = x_D$ 开始，交替使用相平衡方程及精馏段操作线方程计算，直到 $x_n \leqslant x_F$（泡点进料）为止，使用一次相平衡方程相当于有一块理论板，第 n 块板即为加料板，精馏段理论塔板数 $N_{T精}=n-1$（块）；②当 $x_n \leqslant x_F$（泡点进料）时，改交替使用相平衡方程及提馏段操作线方程计算，直到 $x_N \leqslant x_W$ 为止，使用相平衡方程的次数为理论塔板数 N_T，再沸器相当于一块理论板，总理论塔板数 $N_T=N-1$（块）。

逐板计算法较为烦琐，但计算结果比较精确，适用于用计算机编程计算。

2. 图解法

图解法求取理论塔板数的基本原理与逐板计算法相同，只是在 $y-x$ 图上用平衡曲线和操作线代替相平衡方程和操作线方程，即用简便的图解来代替繁复的计算。这种方法是工程上广泛用来求取理论塔板数的一种简便方法。

图解法的基本步骤如下：

（1）绘制相平衡曲线

在 $y-x$ 直角坐标系中绘出双组分混合液的相平衡曲线，即 $y-x$ 图，并画出对角线。

（2）绘制操作线

在 $y-x$ 图上要分别绘出精馏段和提馏段的操作线，如图1–43所示。

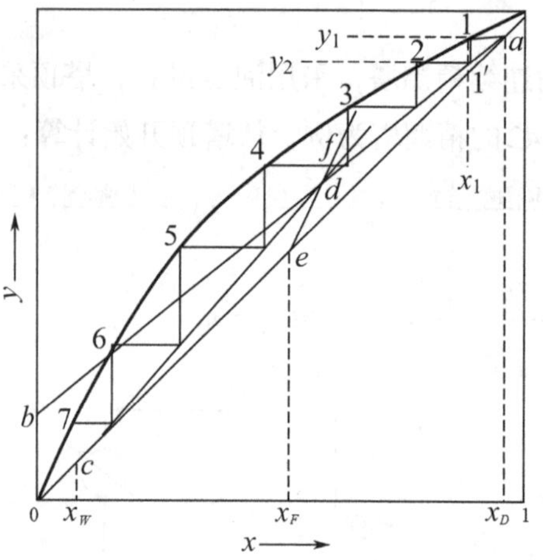

图1-43 图解法求取理论塔板数

① 精馏段操作线的作法。

绘制精馏段操作线常用的有两种方法：斜率－截距法和定点－截距法。

a. 斜率－截距法。由精馏段操作线方程 $y=\dfrac{R}{R+1}x+\dfrac{x_D}{R+1}$，直接利用斜率 $\dfrac{R}{R+1}$、截距 $\dfrac{x_D}{R+1}$ 绘出精馏段的操作线，但此法比较麻烦，很少采用。

b. 定点－截距法。由精馏段操作线方程与对角线联立可见，当 $x=x_D$ 时，$y=x_D$，故在 y–x 图的对角线上可以确定 $x=x_D$ 的 a 点，然后在 y 轴上取截距点 b，$ob=x_D/(R+1)$，连接 ab 所成的直线，即为精馏段的操作线。

② 提馏段操作线的作法。

绘制提馏段操作线常用的有三种方法：斜率－截距法、定点－截距法和借助 q 线法。

a. 斜率－截距法。与精馏段相同，也可利用提馏段操作线方程中的斜率和截距绘出，但此法同样比较麻烦，很少采用。

b. 定点－截距法。由 $y'=\dfrac{L+qF}{L+qF-W}x'-\dfrac{W}{L+qF-W}x_W$ 与对角线联立可见，当 $x=x_W$ 时，$y=x_W$，故在 y–x 图的对角线上可以确定 $x=x_W$ 的 c 点，然后在 y 轴上取截距点 $-\dfrac{W}{L+qF-W}x_W$，连接两点所成的直线，即为提馏段的操作线。但实际上，由于其截距值一般都很小（通常在 10^{-2} 以下），作图很难准确，而且这种作图方法也不能直接反映出进料热状态的影响，因此也很少采用此法作图。

c. 借助 q 线法。用 q 线方程 $y=\dfrac{q}{q-1}x-\dfrac{x_F}{q-1}$ 与对角线联立可见，当 $x=x_F$ 时，$y=x_F$，故在 y–x 图的对角线上可以确定 $x=x_F$ 的 e 点，再根据斜率 $\dfrac{q}{q-1}$ 可做出通过 e 点的直线，即 q 线。此线与精馏段操作线交于 d 点，d 点即是两操作线交点，连接 $c(x_W,\ x_W)$ 和 d 两点可得提馏段操作线cd。

（3）绘制理论板层数

从对角线上的a点开始，在精馏段操作线与平衡线之间画出由水平线及垂直线组成的阶梯，即从a点做水平线与平衡线交于点1，该点即代表离开第一层理论板的气液相平衡组成(x_1, y_1)，故由点1可确定x_1。由点1作垂线与精馏段操作线的交点1′，可确定y_2。再由点1′作水平线与平衡线交于点2，由此点定出x_2。如此重复在平衡线与精馏段操作线之间画阶梯。当阶梯跨越两操作线交点d点时，则改在提馏段操作线与平衡线之间画阶梯，直至阶梯的垂线跨过点$c(x_W, x_W)$为止。

用图解法求取理论板层数的注意事项如下：

① 图中每个直角阶梯代表一块理论板。跨过点d的阶梯为加料板，最后一个阶梯为再沸器。总理论板层数为阶梯数减1。

② 阶梯中水平线的距离代表液相中易挥发组分的浓度经过一次理论板后的变化，阶梯中垂直线的距离代表气相中易挥发组分的浓度经过一次理论板后的变化，因此，阶梯的跨度也就代表了理论板的分离程度。阶梯跨度不同，说明理论板分离能力不同。

③ 有时在精馏操作中，从塔顶出来的蒸气先进入分凝器中进行部分冷凝，冷凝液作为塔顶回流液，未冷凝的蒸气再进入全凝器中冷凝作为塔顶产品。因为离开分凝器的气液两相可视为互成平衡，所以分凝器也相当于一块理论板，这时精馏段的理论板层数应在相应的阶梯数上减1。

④ 图解法虽简单直观，但是对于相对挥发度较小而所需理论塔板数较多的场合是不适合的。

3. 确定最优进料位置

最优的进料位置一般应在塔内液相或气相组成与进料组成相近或相同的塔板上。当采用图解法计算理论板层数时，适宜的进料位置应为跨越两操作线交点所对应的阶梯。对于一定的分离任务，如此作图所需理论板数为最少。跨过两操作线交点后继续在精馏段操作线与平衡线之间画阶梯，或没有跨过交点而过早更换操作线，都会使所需理论板层数增加。

对于已有的精馏装置，在适宜进料位置进料，可获得最佳分离效果。在实际操作中，如果进料位置不当，将会使馏出液和釜残液不能同时达到预期的组成。进料位置过高，会使馏出液的组成偏低（难挥发组分含量偏高）；反之，进料位置偏低，会使釜残液中易挥发组分含量增高，从而降低馏出液中易挥发组分的收率。

五、塔板效率与实际塔板数

1. 塔板效率

塔板效率分单板效率和全塔效率两种。

（1）单板效率

单板效率是指气相或液相经过一层实际塔板前后的组成变化与经过一层理论板前后的组成变化之比值，表示为

$$E_{MV}=\frac{y_n-y_{n+1}}{y_n^*-y_{n+1}} \tag{1-25}$$

或

$$E_{ML}=\frac{x_{n-1}-x_n}{x_{n-1}-x_n^*} \tag{1-26}$$

式中：

E_{MV}—气相单板效率。

E_{ML}—液相单板效率。

y_n^*—与x_n成平衡的气相组成。

x_n^*—与y_n成平衡的液相组成。

应予指出，单板效率可直接反映该层塔板的传质效果，但各层塔板的单板效率通常不相等。单板效率可由实验测定。

（2）全塔效率

全塔效率又称总板效率，反映的是塔中各层塔板的平均效率。操作过程中全塔效率为

$$E_T=\frac{N_T}{N_P}\times 100\% \tag{1-27}$$

式中：

E_T—全塔效率。

N_T—理论板层数。

N_P—实际塔板层数。

精馏塔设计在计算时，由于影响板效率的因素很多而且很复杂，如物系性质、塔板型式与结构、操作条件等，故目前对板效率还不易做出准确的计算。为求实际塔板数，实际设计时一般采用来自生产及中间实验的数据或用经验公式估算全塔效率。其中，比较典型且简易的方法是奥康奈尔的关联法。图1-44所示的曲线为精馏塔效率关联曲线，该曲线也可关联成如下形式：

$$E_T=0.49\left(\alpha\mu_L\right)^{-0.245} \tag{1-28}$$

式中：

α—塔顶与塔底平均温度下的相对挥发度。

μ_L—塔顶与塔底平均温度下的液体黏度。

2. 实际塔板数

由于气液两相接触时间及接触面积有限，离开塔板的气液两相难以达到平衡，达不到理论板的传质分离效果。理论板仅作为衡量实际板分离效率的依据和标准。在指定条件下进行精馏操作所需要的实际板数（N_P）较理论板数（N_T）多。在工程设计中，先求得理论板层数，用塔板效率予以校正，即可求得实际塔板层数。

$$N_P=\frac{N_T}{E_T}\times 100\% \tag{1-29}$$

将计算结果取整成整数，不到一块取为一块。

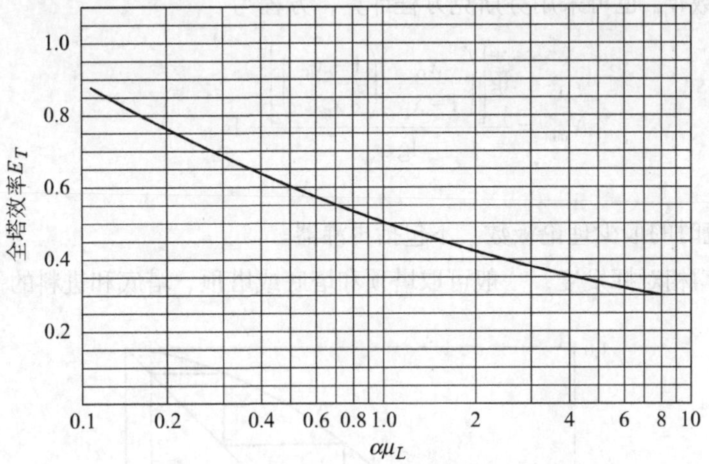

图1–44 精馏塔效率关联曲线

六、回流比的影响与选择

在精馏原理中提到，回流是保证精馏塔连续稳定操作的必要条件。从精馏段操作线方程式也不难看出，当进料的状况与组成以及分离要求一定时，回流比R的大小将直接影响操作线的位置。同时，回流比的大小也会影响精馏过程的投资费用和操作费用。那么，回流比的大小究竟对操作会有何影响，在操作中怎样选择一个合适的回流比将是一个值得讨论的问题。

回流比有两个极限：一个是全回流时的回流比，一个是最小回流比。生产中采用的回流比应介于两者之间。

1. 全回流

将塔顶上升的蒸气冷凝后全部回流至塔内的操作，称为全回流。

（1）全回流的特点

在全回流下操作的精馏塔有如下特点。

① 物料关系。

全回流时，没有塔顶产品，即D=0，回流比$R=L/D=L/0\to\infty$。此时，既不向塔内进料，也不从塔内取出产品，F=0，W=0。全塔无精馏段和提馏段之分。

② 操作关系。

全回流时操作线的斜率$\frac{R}{R+1}=1$，y轴上的截距$\frac{x_D}{R+1}=0$，在y–x图上操作线与对角线重合，即操作线方程为y=x。

③ 理论塔板数

全回流时，在操作线与平衡线之间画的梯级的跨度最大，完成一定的分离任务所需的理论塔板数最少，称为最少理论板数，记做$N_{\min}$。图1-45所示为图解法确定全回流时的理论塔板数。

最少理论板数$N_{\min}$也可采用芬斯克方程计算，方程为

$$N_{\min}=\frac{\lg\left[\left(\frac{x_D}{1-x_D}\right)\left(\frac{1-x_W}{x_W}\right)\right]}{\lg\alpha_m}-1 \qquad (1-30)$$

式中：

$N_{\min}$—全回流时的最少理论板数，不包括再沸器。

α_m—全塔平均相对挥发度，一般可取塔顶和塔底或塔顶、塔底和进料的平均值。

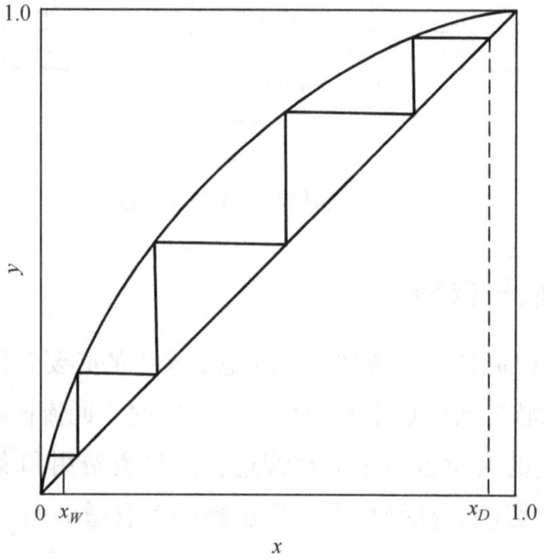

图1-45　全回流时的理论塔板数（最少理论板数）

对于一个精馏塔来说，没有任何产品的操作在实际生产中是毫无意义的。只有在装置开工阶段为迅速建立塔内正常回流、调试、操作过程异常或实验研究等情况下才会采用全回流操作。

（2）全回流操作的意义

全回流开车可以保证精馏塔有比较充裕的时间对操作进行调整，容易建立起浓度分布，达到产品组成的规定值，并能节省料液用量和减少不合格产品量。

全回流操作时可应用料液，也可以用塔中合格的或不合格的产品，这样塔中建立的状况与正常操作时的状况较接近，一旦正式加料运转，容易调整得到合格产品。

对于回流比大的塔，全回流时塔中状况与操作状况比较接近。对于回流比小或很易开车的塔，则往往没必要采用全回流开车办法。

2. 最小回流比

精馏过程中，当回流比R由无限大逐渐减小时，精馏段操作线的截距$x_D/(R+1)$将逐渐增大，精馏段、提馏段的操作线均会逐渐偏离对角线而向相平衡线靠近，所需要的理论塔板数将逐渐增加。当回流比小到两操作线的交点落在相平衡线之上（图1-46），或操作线与平衡

线相切（图1–47）时，在操作线和平衡线之间画梯级时可以为无限多。也就是说，完成这种状态下的分离需要无限多块塔板，这时的回流比称为最小回流比，记作R_{min}。在最小回流比下，两操作线与平衡线的交点d附近（通常在加料板附近）各板之间的气、液相组成基本上不发生变化，即无增浓作用，故称d点为夹紧点，这个区域称为恒浓区。

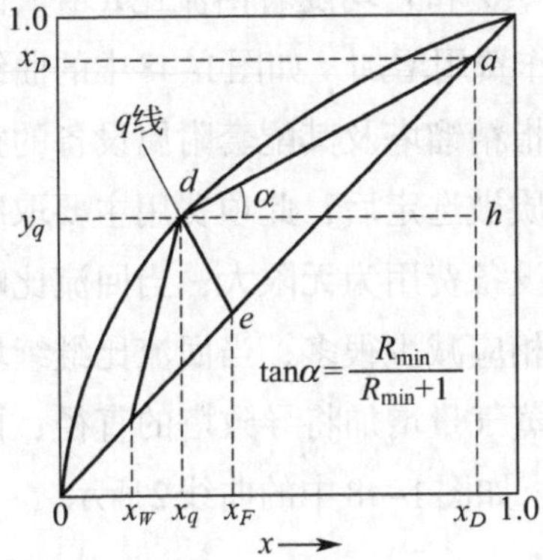

图1–46 最小回流比的确定

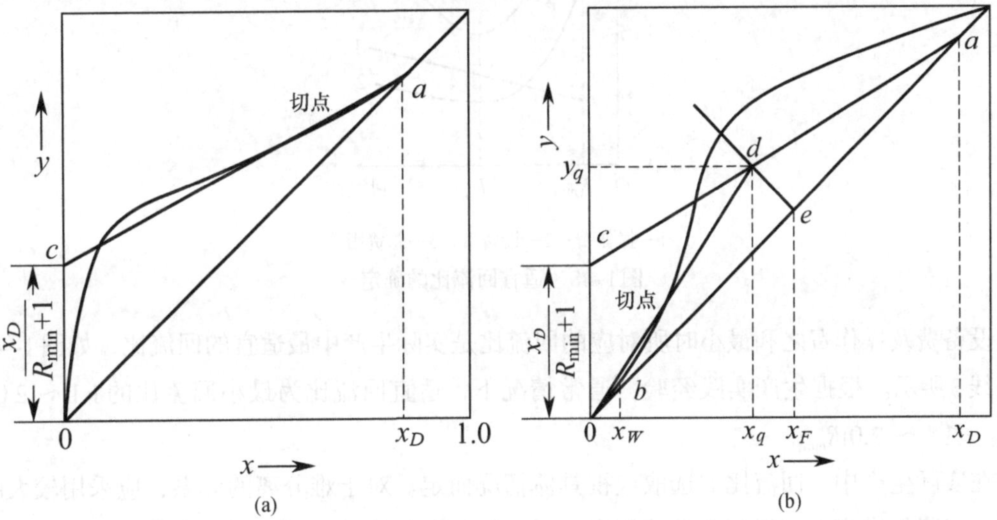

图1–47 不正常的相平衡曲线R_{min}的确定

显然，在实际生产中，这种情况也是不会被采用的，但在工程上通常以最小回流比作为计算的基准，然后根据情况适当增加某一倍数来作为实际的回流比。

最小回流比可通过图解法或解析法来求得。

3. 实际回流比

通过以上所述，全回流和最小回流比都不能在实际生产中应用，实际的回流比应当介于这两个极限之间。最适宜的回流比应当根据经济核算来确定，即以达到完成给定任务所需设备费用和操作费用的总和为最小的原则来选取。

精馏操作时的操作费主要取决于塔底再沸器中加热剂及塔顶冷凝器中冷却水的消耗量，而二者又都取决于塔内上升蒸气量的大小。根据前述的物料衡算可知，塔内上升的蒸气量为

$$V=L+D=(R+1)D$$

$$V'=V+(q-1)F=(R+1)D+(q-1)F \tag{1-31}$$

可见，当F、q及D一定时，V和V'均随着回流比R增大而增加，加热蒸汽和冷却水的消耗量也会相应增加，即精馏操作费用增加，如图1–48中的曲线1所示。

精馏操作时的设备费主要指精馏塔及其配套附属设备的投资费与相应的折旧率的乘积所得出的费用。当设备类型和材质被选定后，此项费用主要取决于设备的尺寸。当回流比为最小时，理论塔板数为无穷多，设备费用为无限大；当回流比略微增加，所需塔板数将急剧减少到某个有限值，设备费用也相应减少很多；当回流比继续增加时，塔板数减少有限，而随着回流比的增加，塔内上升的蒸气量增加将导致塔的直径、再沸器和冷凝器等设备的尺寸也相应增大，设备费用又将回升，如图1–48中的曲线2所示。

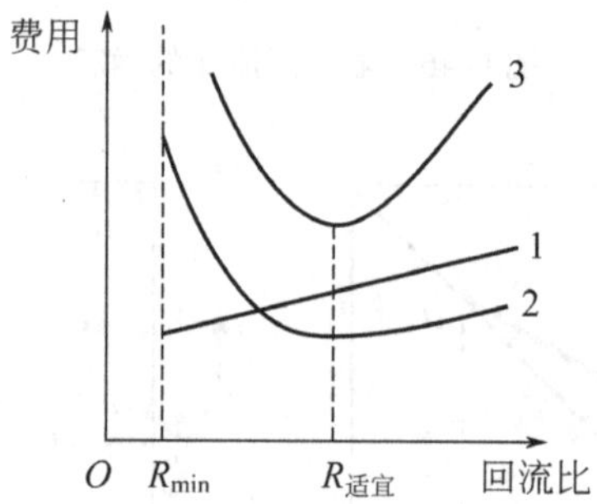

1—操作费；2—设备费；3—总费用。

图1–48　适宜回流比的确定

设备费及操作费之和最小时所对应的回流比是实际生产中最适宜的回流比，如图1–48中的曲线3所示。根据生产实践经验，通常情况下，适宜回流比为最小回流比的1.1～2.0倍，即$R_{实}=(1.1 \sim 2.0)R_{min}$。

在实际生产中，回流比的选取应视具体情况而定。对于难分离的体系，应采用较大的回流比，以降低塔高，并保证产品的纯度；对于易分离的体系，可采用较小的回流比，以减少加热蒸汽消耗量，降低操作费用。

【学习诊断】

一、选择题

1. 当操作压强增大时，精馏过程中物系的相对挥发度将（　　）。

A. 增大　　B. 减小　　C. 不变　　D. 不易判断

2. 气液两相能达成平衡的塔板称为（　　）。

A. 筛板　　B. 理论板　　C. 实际板　　D. 平衡板

3. 两组分物系的相对挥发度越小，则表示分离该物系越（　　）。

A. 容易　　B. 困难　　C. 完全　　D. 不完全

4. 精馏时进料热状况参数为0.8的进料是（　　）。

A. 泡点进料　　B. 露点进料　　C. 过冷液体进料　　D. 气液混合进料

5. 精馏时若进料的气、液摩尔流量之比为1∶4，则进料的热状况参数应为（　　）。

A. 0.2　　B. 0.4　　C. 0.6　　D. 0.8

6. 精馏塔设计时，若分离要求一定，当回流比加大时，所需要的理论板数将（　　）。

A. 增大　　B. 不变　　C. 减少　　D. 不确定

7. 精馏塔操作时，当回流比增大时，塔的分离提纯效果将（　　）。

A. 增加　　B. 不变　　C. 减少　　D. 不确定

8. 最小回流比（　　）。

A. 回流量接近于零

B. 在生产中有一定应用价值

C. 不能用公式计算

D. 是一种极限状态，可用来计算实际回流比

9. 其他条件不变的情况下，增大回流比能（　　）。

A. 减少操作费用　　B. 增大设备费用　　C. 提高产品纯度　　D. 增大塔的生产能力

10. 二元溶液连续精馏计算中，物料的进料状态变化将引起（　　）的变化。

A. 相平衡线　　B. 进料线和提馏段操作线

C. 精馏段操作线　　D. 相平衡线和操作线

11. 加大回流比，塔顶轻组分组成将（　　）。

A. 不变　　B. 变小　　C. 变大　　D. 忽大忽小

12. 以下说法正确的是（　　）。

A. 冷液进料时 $q=1$　　B. 气液混合进料时 $0<q<1$

C. 过热蒸气进料时 $q=0$　　D. 饱和液体进料时 $q<1$

13. 某精馏塔的馏出液量是50 kmol/h，回流比是2，则精馏段的回流量是（　　）kmol/h。

A. 100　　B. 50　　C. 25　　D. 125

14. 某精馏塔的理论板数为17块（包括塔釜），全塔效率为0.5，则实际塔板数为（　　）块。

A. 34　　B. 31　　C. 33　　D. 32

15. 连续精馏中，精馏段操作线随（　　）而变。

A. 回流比　　B. 进料热状态　　C. 残液组成　　D. 进料组成

16. 精馏塔操作时，回流比与理论塔板数的关系是（　　）。

A. 回流比增大时，理论塔板数也增多

B. 回流比增大时，理论塔板数减少

C. 全回流时，理论塔板数最多，但此时无产品

D. 回流比为最小回流比时，理论塔板数最小

17. 若进料量、进料组成、进料热状况都不变，要提高x_D，可采用（　　）的方法。

A. 减小回流比　　B. 增加提馏段理论板数

C. 增加精馏段理论板数　　D. 塔釜保温良好

18. 回流比的（　　）值为全回流。

A. 上限　　B. 下限　　C. 平均　　D. 混合

19. 某二元混合物，进料量为100 kmol/h，x_F=0.6，要求塔顶x_D不小于0.9，则塔顶最大产量为（　　）。

A. 60 kmol/h　　B. 66.7 kmol/h　　C. 90 kmol/h　　D. 100 kmol/h

20. 精馏塔全回流操作时，第一块塔板下降液体组成为0.91，则第二块塔板上升气体组成为（　　）。

A. 0.88　　B. 0.91　　C. 0.95　　D. 0.93

21. 精馏塔塔底产品纯度下降，可能是（　　）。

A. 提馏段板数不足　　B. 精馏段板数不足

C. 再沸器热量过多　　D. 塔釜温度升高

22. 精馏塔在x_F、q、R一定的条件下操作时，将加料口向上移动一层塔板，此时塔顶产品浓度x_D将（　　），塔底产品浓度（$1-x_W$）将（　　）。

A. 变大，变小　　B. 变大，变大　　C. 变小，变大　　D. 变小，变小

23. 精馏操作中，料液的黏度越高，塔的效率将（　　）。

A. 越低　　B. 有微小的变化　　C. 不变　　D. 越高

24. 精馏过程的操作线为直线，主要基于（　　）。

A. 恒摩尔流假定　　B. 塔顶泡点回流　　C. 理想物系　　D. 理论板假定

25. 精馏段操作线的斜率k的大小满足（　　）。

A. $k>1$　　B. $0<k<1$　　C. $k<0$　　D. 不确定

26. 化工生产中，精馏塔最适宜的回流比是最小回流比的（　　）倍。

A. 1.5～2.5　　B. 1.1～2.0　　C. 2.0～2.5　　D. 1.1～2.5

二、判断题

(　　) 1. 要实现规定的分离要求，所需实际塔板数比理论塔板数多。

(　　) 2. 根据恒摩尔流假定，精馏塔中每层塔板液体的摩尔流量和蒸气的摩尔流量均相等。

(　　) 3. 精馏操作中，操作回流比小于最小回流比时，精馏塔不能正常工作。

(　　) 4. 最小回流比状态下的理论塔板数为最少理论塔板数。

(　　) 5. 在精馏操作中，若其他条件不变，回流比增加，塔顶产品的纯度将增加。

(　　) 6. 全回流时所需的理论板数最少。

(　　) 7. 进入精馏塔的物料是饱和液体，其热状态参数 q=0。

(　　) 8. 回流比的大小对精馏塔塔板数和进料位置的设计起着重要作用。

任务5 精馏塔的现场操作及安全技术

学习目标

知识目标

- 掌握精馏塔现场操作的基本步骤。
- 了解精馏塔运行前的准备工作。
- 了解精馏塔开、停车的主要操作方法。
- 了解精馏塔常见的故障及处理方法。

能力目标

- 能灵活运用本专业知识和相关知识进行精馏塔的现场操作。
- 具有应变和事故处理能力。

一、精馏塔投运准备工作

在现场操作中，当完成精馏装置安装任务后，往往还需先经历一系列投运准备工作，方可进行精馏塔的开车投产。投运准备工作的主要目的是在开车前发现设计和制造方面是否存在错误，及时发现各种缺陷并指明正确的作法，避免开车后再处理而增加工作难度。因此，搞好精馏塔投运准备工作十分重要，对保证精馏装置的正常运转起关键的作用。

1. 开车前的检查

如果制造安装完成后的精馏塔与设计图纸的尺寸和要求存在某些差异，均可能存在潜在的安全隐患。因此，需按图纸和设计要求进行检查，最好由专业人员参与共同完成，如防腐蚀及可能发生的疲劳损坏等方面，其大部分检查工作由工艺和操作人员进行。通常的作法如下：

（1）配置检验清单

在着手检查工作前应该准备一份检查内容的清单，使检查要求清楚简明，又可防止遗漏。

（2）边安装边检查

采用边安装边检查的方式可尽早发现缺陷和差错并进行修复，所花费的时间会最短，其费用也能降到最低。尤其对于那些装好以后难以接近的构件，更应提倡边安装边检查，如塔底受液盘区的安装等。

（3）主要检查项目

① 塔内件的材料。塔内件的制作材料必须严格按图纸和说明书的规定选用，否则就可能

发生严重腐蚀问题。应当注意，当不同塔段采用不同的制作材料时，必须严格防止零件的混乱。对于螺帽和螺钉等材料，要考虑腐蚀后零部件的紧固及拆卸问题。对于强腐蚀场合所用的材料，应该专门进行防腐蚀试验，以防出现差异而发生腐蚀。

② 塔内件的安装位置。塔内件的安装要注意其位置和方位，最易犯的错误是塔内部的管子、挡板和其他可移动零件的方位不正确。各种仪表的接口位置既要保证能测出所测变量值，又不影响气、液相流动。例如，塔板测温接口应位于液体中，又不能处于死区，一般可设置在降液管的中下部。

③ 塔内件的尺寸。内部构件的尺寸，尤其是那些对塔的操作性能至关重要的小尺寸部件在安装时尤其要注意。对于板式塔，要注意的是降液管底隙高度、溢流堰高、降液管与进口堰间距、切口尺寸（如用齿形堰）、受液盘宽度、降液管宽度等。筛孔塔板应注意筛板开孔面积与设计值相一致，可通过孔径、孔中心距和排列情况来检查，浮阀塔板则应注意检查浮阀数目和排列方式，还要注意塔板的平整度和水平度。

④ 塔板。在化工生产中，大多数是大规模生产，所使用板式塔的塔板层数较多，对塔板的检测既费时又乏味。据相关资料建议，可采用对开始10～20块板逐板仔细检测，如果情况良好，随后用逐板目测方法进行检测，并周期性地进行抽样检验。此外，对不同塔段中构件式样相同但尺寸不同的零件，检查中更应加以注意，以免出现混淆。

⑤ 塔内件的固定。通常情况下，塔板、降液管、溢流堰等塔内件靠螺钉紧固定位，任何松动都将影响尺寸和平整度，操作时将引起过量泄漏，诱发振动和噪声。在安装垫片密封处，应注意正确安放。

⑥ 塔内空间。塔安装完毕后，塔内应没有任何残留碎片、残渣或杂物，对于临时试压或为防止杂物到导管和周围设备而临时加装的塞子也应清除，各零部件应具有适当清洁度。当检查完毕，人离塔时应随时紧固人行通道，最后紧闭人孔，以防灰尘、雨水、小动物等落入塔中。

最后还应检查各仪表的连接是否正确，能否正确测量。

对于大修中仅局部进行检修的塔，可以参照主要检查项目进行检查，重点在检修的部分，对其余部分各构件状况在仔细审视前提下抽样检查即可。

2. 吹扫

（1）管路吹扫

塔管路吹扫设备安装完毕后，与其相连接的管道需进行吹扫，以清除安装中残留在管路中的残渣及杂物，防止开工后被夹带入塔或影响调节阀、流量仪表的操作和测量等。

管线吹扫方向一般从塔向外，首先将各管线与塔相连接处的阀门关死，将仪表管线拆除，接管处阀门关死，只将指示吹扫所需的仪表（如压力表等）保留。开始向塔内充以吹扫用的空气或氮气，塔被临时作为一个“气柜”，当达到一定压力后停止充气，接着对各连接管路逐根吹扫。扫线时需注意以下问题。

① 将管线中的调节阀和流量计等拆除，用短管临时代替。

② 吹扫气速应足够大，才能有效地实现吹扫。工艺管道吹扫的压力一般要求 0.6 ～ 0.8 MPa，对吹扫质量要求高的可适当提高吹扫压力（以操作压力为极限）。

③ 扫线时要防止塔压下降过快。因为塔压下降过快意味着塔中气速过大，将引起过大的塔板压降，可能会造成塔板永久变形。这一问题在浮阀塔中特别严重，因为浮阀塔能较宽畅地允许气体从下至上流动，而气体从上至下的流动却受到浮阀的限制，此时浮阀全部关阀，气体只能通过阀片下间隙和降液管底隙流动，所以在浮阀塔中气体吹扫塔底和再沸器的连接管路时应避免采用这种吹扫方法。对于塔中部进料管线的吹扫也会出现同样的情况，在塔的上段和下段之间将产生较大压降，会导致塔板严重损坏。为此在吹扫管线之前，应对每根管线采用的气体流量进行估计，做到控制有根据。

④ 仪表管线在物料和水、气等管线吹扫完成后，先吹扫接口，再接上仪表管进行吹扫。

有时会考虑采用从外向塔吹扫管线的办法，接下来再作塔的吹扫。一般应避免采用这种吹扫法，因为易发生液体分布器、降液管底隙等流道小的地方堵塞。

（2）塔的吹扫

① 吹扫采用的介质。在塔开车之前，必须彻底排除塔内的空气，以免发生危险，因此通常采用惰性气体进行塔的吹扫。当处理易燃易爆等危险物料时，要先用惰性气体吹扫赶走塔中的空气，随后再用物料蒸气赶走惰性气体。而且，这种塔在停车时，需要按上述相反步骤进行吹扫，以排除危险，同时也为进一步入塔检查和检修创造条件。

吹扫最常用的惰性气体是氮气、水蒸气和二氧化碳等，也可将氮气和水蒸气联合起来使用。例如，开车前先用水蒸气进行吹扫，接着用氮气吹扫。水蒸气因其温度高，容易吹出塔中的易挥发性杂质，还能清除堵塞，但吹扫后如若不用氮气再次吹扫，水蒸气很易冷凝，产生负压而吸入空气。再如停车吹扫时，因塔内蒸气易产生静电，有危险，故先吹氮气再吹水蒸气。吹扫排气应通过特设的吹扫管，应排到火炬系统。

用于吹扫的惰性气体纯度应在使用前抽查，如果含有氧气或可燃物质，可能会造成爆炸的严重后果。

② 吹扫办法。对于塔的吹扫通常可以采用两种办法完成。一种是让吹扫气体从设备的吹扫入口吹入，依次从一个容器流到另一个容器，称为“扫除”办法；另一种是通过多次重复对设备加压和卸压来实现吹扫，称为“加压和卸压”办法。由于可能存在死区，采用扫除办法是有缺陷的，因此塔的吹扫多用加压和卸压办法完成。

当进行塔的加压和卸压时，关键点是控制压力变化的速度。对于浮阀塔的升压应从塔底开始，沿着上升方向进行，否则将限制升压速度。同理，卸压则应从塔顶开始。当塔中有液体存在时，卸压时更应避免液体过快汽化，汽化速率过快将造成液泛，很可能造成塔板损坏。

吹扫时，管路上的阀门应打开，排液阀也应打开，当吹出吹扫气后，排液阀和放空阀周期性地打开，以防塔中存在未吹扫到的死角。吹扫的后期，应对放空气体或排液进行分析检测，直至满足要求才可结束此次吹扫。一般情况下，用水蒸气吹扫时，当放空阀排放干气半小时左右，即可认为此次吹扫已完成。

在用水蒸气吹扫时，向冷塔开始通水蒸气时，应慢慢通入，以防有大量冷凝水产生，造成麻烦；当吹水蒸气结束时，对于处理易燃易爆物料的塔，应防止产生负压而大量吸入空气。在停车吹扫时，应该首先使塔冷却（通入惰性气），随后再使塔敞口通大气；如果是开车吹扫，则应立即通惰性气进行置换。

当塔中有水会发生严重腐蚀的场合，应避免水蒸气吹扫。例如，热碱塔，塔中剩余的积液在水蒸气吹扫时将产生蒸发浓缩，有可能引发钢材热脆断裂问题。此时应先用水冲洗塔以除去强碱积液，再实施水蒸气吹扫。

3. 装、拆盲板

在塔停车期间，为防止物料经连接管线漏入塔中而造成危险，一般在吹扫后要在各连接管线上加装盲板。如果仅在流程部分范围内试运行，为防止物料漏入，在与试运行部分相连的管线上也需加装盲板。为防止操作时塔中有水漏入，对于专用冲洗水蒸气、水等管线也需加装盲板。在试运行和开车前，要将这些盲板拆除。总之，在需要杜绝连接管线与设备之间的物流流动时，不能仅依靠阀门关闭来完成，均需加装盲板；当要恢复物料流动时，又必须将这些盲板拆除。

正确装、拆盲板与确保生产安全和正常运行密切相关，未装盲板容易造成人身伤亡、爆炸等事故，盲板未及时拆除易产生延误开工、出现险情等情况，而且在装、拆盲板时还有潜在的危险。因此，建立有关规范性操作是十分必要的。

① 要熟悉生产流程、操作、安全和环保等方面的知识，制定出停车期间、试运行期间和开工正常生产期间需加装和拆除盲板的清单，并用图表说明。

② 每次停车、试运行和开工期间需制定装、拆盲板的进度表，并随时记录执行情况。

③ 盲板须用合适的材料，如防腐、耐温又有足够强度。盲板分别编号，加上明显标签，由专人管理，以免混淆。

④ 装、拆盲板前，需了解可能出现的危情，要查明上游阀门的启闭情况，堵塞或物料泄漏到大气中有何后果。

⑤ 特别危险和困难处的盲板装、拆，应在管理人员监督下进行。

⑥ 对每个盲板装、拆要发放施工许可证，许可证上应明确指明各项预防措施。

⑦ 盲板拆除后，应填写施工记录表，记上施工日期、施工员姓名和简要的施工情况。

⑧ 在每阶段之后，对盲板装、拆情况应做一次系统检查，以确保万无一失。

4. 试压

在管线和设备吹扫结束后准备投产之前，应该进行试压试验。一般应用惰性气体对系统加压，此时首先需关闭全部放空和排液阀，试压系统与其他部分连接管线上的阀门当然也要关死。试验介质可以用水蒸气或水，用水试压需检验设备对水压的承受能力。有时也可使用工厂中现有的液化气作为试压介质，试压压力可在0.34～0.4 MPa（表压）和安全阀设定值减去70 kPa的两者之中选较小者。加压完毕后，注意监测系统压力的下降速度，并对各法兰、人孔、焊口和阀杆的填料压盖等处，用肥皂水或声音探测器等检查。当检查出渗漏时，大多可通过拧紧压紧螺栓来消除，否则就应对系统进行减压，针对缺陷进行修复，直至无任何渗漏存在。在缺陷修复期间如有空气进入了设备，而设备开工时为防止空气存在，则应重复吹扫。

对于减压精馏系统，一般可先按照上述办法试压，因为加压试压时渗漏点很容易发现。随后再对系统抽真空，抽至正常操作真空度后关闭真空发生设备，监控压力的回升速度。由压力的回升速度并结合系统的体积，可以推算出气体渗漏速率，用来判断密封是否达到了要求。如果真空试压发现问题再经修复，因空气已经漏入设备中，所以试压后必须要重复吹扫。

做气密试压试验时，对于分隔高压和低压部分的阀门内漏也应密切注意，这可从低压侧压力升高来确定，千万要注意因此造成的超压危险。在发现渗漏处，修理人员进行修复时应事先了解试验介质的性质，氮气对人有窒息作用，要做好必要的防护措施。

为容易确定渗漏位置，工业上常常将大系统分成几部分单独试验。但分得太小，试压过程将花费太长时间，所以应将易检测和节省时间两者综合起来考虑，以确定分多少部分合适。

5. 塔的水运

塔的水运的主要目的是在塔冷却或入塔检修时，清除塔中污垢、泥浆、腐蚀物等固体物质。大多数情况下用水进行冲洗，也有用轻组分产物来冲洗的。对于一些非水溶性污垢、沉淀则需用专用清洗液进行冲洗。在冲洗中应注意以下问题。

① 冲洗水不能含有泥沙和固体杂物等，以避免冲洗时将固体杂物等带入塔中。

② 冲洗水或清洗液不能对设备有腐蚀作用，必要时要加缓蚀剂。清洗液不能与塔中污垢、沉淀和残留液发生有害反应。

③ 用水或密度比水大的清洗液冲洗时，需注意塔板、支承结构等能否承受它们产生的液压。

④ 对塔进行冲洗前，应尽量排净塔中的酸碱残液，以免发生激烈反应而损坏设备。

⑤ 冲洗水的水管系统应先用水高速循环冲洗，水速可控制在3.5 m/s左右，循环管网上应装设滤网以滤去杂质。

⑥ 当冲洗泥浆、固体沉淀等堵塞物时，宜先从塔顶蒸气出口管处向塔中冲水，使固体杂质从上向下由塔底排出，当塔底排出已是清水时，再从塔底引入冲洗水，从塔顶排出，直至排出清水为止。注意冲洗水量不能过大，以免塔内件被机械损伤。

⑦ 当塔壁和内部构件上黏着固体沉淀、铁锈或水垢等杂物时，应该反复冲洗。

⑧ 当冷却塔用水进行冲洗时，水温一般从90℃降低到室温。过高的温度下用水冲洗，易因激冷而造成的热应力，引起机械损坏。

⑨ 当处理有害物质的塔停车时，必须注意冲洗彻底，不能有未冲洗到的死区，所有的阀门、排液口全部打开。如果塔本身和地基能承受清洗液的质量时，可以让全塔灌满清洗液，用浸泡办法除去有毒物质。

⑩ 冲洗液在冲洗完成后一般要彻底清除，特别是当它可能与正常操作物系产生不良反应

或引起泡沫时，还要留意冲洗液是否会经公用工程系统管道泄漏到其他塔或设备中，从而发生事故的情况。如确有此潜在危险时，可用加装盲板的办法来避免。

⑪ 如果在冲洗过程中塔中灌满了冲洗液，冲洗液从塔底排放的速率必须加以控制，否则会因塔上部液体下流速度小而造成塔板下部放空，导致塔板压塌事故。

6. 干燥

在塔系中如果有水将影响产品质量，造成设备腐蚀，低温下水结冰还可造成堵塞、产生固体水合物，或由于高温塔中水囊存在将引起压力大的波动等，因此，在开车前必须进行脱水操作，常用的脱水办法有以下几种。

（1）液体循环

此法可以脱除设备系统中的水分，也可脱除系统中不希望存在的物质。如果设备中的水分要求脱净，一般需采用热操作，这样也可同时预热设备。此外，液体循环操作还能使操作人员进一步熟悉设备特性和操作，进一步检查设备系统的渗漏情况。

（2）全回流脱水

全回流脱水操作时，可以使用与水不互溶的物料、正式运行时物料或特选的试验物料，最好其沸点比水高，之后采用正式生产用物料。当塔在全回流运转时，水蒸气到塔顶经冷凝器冷凝到回流罐，水分别从装于冷凝器物料侧和回流罐最低位处的排液阀排走。此法脱水耗时较长，但结果可靠。

（3）热气体（惰性气、空气或过热蒸汽）吹扫

在正压下靠吹扫热气体将管线或设备中某些部位的积水吹走，从排液口排出。开始时排液口开放，当连续吹出热气体时关闭，随后周期地开启排液。塔中剩余的湿分再靠热气体加热吹扫被逐渐蒸发掉。为加快蒸发速度，后期可以考虑采用真空操作。

采用热气体吹扫除水速度快，但很难彻底除净。如要求除净程度很高，则往往在热气体吹扫之后，再用液体循环或全回流操作彻底清除水分。为防止塔上段因水分存在而造成的严重腐蚀，宜先用气体吹扫脱水，再全回流脱水，这样做的效果会相当不错。

（4）干燥气体吹扫

用干燥气体带走塔内汽化的水分。该方法一般用于低温塔的脱水，并在装置中有产生干燥气体的设备。为加快脱水，干燥气体温度应该尽量高些，干燥气体吹扫扫气循环方法可以是开环的，也可以是闭环的，这需由经济核算决定。

（5）吸水性溶剂循环

使用乙二醇、丙醇等一类吸湿性溶剂在塔系统中循环，吸取水分达到脱水目的。此法费用较高，但用在冷冻和低温装置中该方法还算比较经济。另外，在0～10℃下循环时，需注意所选溶剂与水不会形成类似冰雪的固体水合物，否则会堵塞在塔中，不仅有碍脱水循环和效果，而且溶剂不易排净，势必会影响随后开工。

7. 置换

置换的主要目的是贯通流程，用氮气将塔内系统的空气置换出去，使系统内的含氧量达

到规定的安全标准。

前述分别讨论了开车前可能进行的各项准备工作，但并非在任何情况下均需经历上述各步。生产中可以结合具体情况并进一步参阅有关文献，确定具体的准备工作步骤，并逐步改进完善，为后期达到省时又经济的开车目标而提供良好的条件。

二、精馏塔的开车与停车操作

开、停车操作是生产中十分重要的一个环节。开车操作目的是避免可能发生的事故，尽快取得合格产品。为节省开车费用，应尽量缩短开车时间。当装置运转一定周期后，设备和仪表将会发生一些问题，在生产能力和原材料消耗等方面已达不到经济合理的要求，还可能蕴含着发生事故的潜在危险，于是需要停车进行检修。要实现装置安全停车，尽快转入检修阶段，必须做好停车准备工作，制定合理的停车步骤，预防各种可能出现的问题。

1. 精馏塔开、停车的一般步骤

（1）精馏塔的开车步骤

① 制定合理的开车步骤、时间表和必要的预防措施。

开工准备全部到位，做好系统联系工作，消防、气防器材齐全，方案齐全。

② 开工检查。

工艺管线连接正确；设备、管线所属配件齐全；压力表安装合格，量程正确，引压管畅通；消防蒸汽正常，消防、气防器材齐全好用并摆放整齐，安全设施完好无缺；仪表的一次、二次表及调节阀调校完毕并备用；冷换设备完好备用；塔、罐液面计完好备用。

③ 系统贯通、吹扫、试压。

通知仪表维护人员关闭仪表一次引出阀，防止管路堵塞；按分工和扫线流程图摆好管线吹扫贯通流程，打开各管线排凝阀门；确认给氮气点和排氮气点，排放点周围应处于安全状态；打开氮气阀门，缓慢引入氮气，进行流程贯通、吹扫。

采样分析含氧量至置换合格。

按流程走向逐个关闭各排凝阀门，系统升压，检查各密封点、焊道无泄漏至试压合格。

④ 对塔加压或减压，达正常操作压力。

⑤ 对塔加热或冷却，接近操作温度。

⑥ 向塔内进料。

⑦ 开启再沸器和各加热器的热源，开启塔顶冷凝器和各冷却器的冷源。

⑧ 对塔的操作条件和参数逐步调整，使塔的负荷、产品质量逐步且尽快地达到正常操作值，转入正常操作。

由于各精馏塔处理的物系性质、操作条件和在整个生产装置中所起的作用等千差万别，具体的操作步骤很可能有所不同。实际生产中必须重视具体塔的特点，审慎地确定开车步骤。

（2）精馏塔的停车步骤

① 停工准备。减小进料，逐步降低装置负荷。

② 停止进料。

③ 排放塔中存液。

④ 排压，加盲板，蒸汽置换。

⑤ 装置交付检修。

2. 开、停车应考虑的问题

（1）加压或减压

① 加压。若处理料液中组分的沸点较低，在常压下往往成气态，为此需用加压精馏。加压精馏塔开车时，首先将塔压升到操作压力附近，然后再向塔中加入料液。目的是防止料液进入低压塔时大量汽化（闪蒸）引起温度急剧降低。如果温度降到塔的结构材料的最低安全工作温度以上，会造成机械损坏。

通常可利用惰性气体或料液蒸气来进行塔的升压。当料液加入到充满惰性气体的加压塔中时，料液会产生闪蒸，直至气相中物料各组分的分压与液相中各组分的分压相等为止。惰性气体的存在只是占据了总压中的一部分，所以料液闪蒸后仍可能产生过低的温度。因此，生产中多采用料液的混合蒸气升压。加压塔停车时排液必须在减压前进行，否则将导致积液大量汽化和过低的温度。

② 减压。塔采用减压操作的目的是降低塔釜温度，防止热敏性物料的变质、聚合和结焦，防止产生不希望产生的反应，并能应用更经济的加热剂。因此，在开车过程中应注意防止再沸器过热。

减压精馏塔开车通常采用先对塔减压，当达到操作真空度左右时再加入料液，其用意在于防止再沸器出现过高温度。如果未减压就开始加料，为防止大量积液，再沸器随之启动，若在此时才开始减压，则在塔达到正常真空度的过程中，再沸器及塔下部物料的温度可能已过高，随之发生的聚合、结焦将导致塔的堵塞，从而影响塔的生产能力和分离效率。对于过高温度会导致发生放热分解反应的物系，甚至有可能因反应失控而发生爆炸事故。

在减压前及减压过程中，可以进行液体循环，循环液可以采用料液，当然还是要注意防止温度过高，以免造成诸多麻烦。

（2）防止堵塞

在开车时期由于进料状况、水电气供应、仪表控制系统和操作条件等均未达到正常状态，很容易发生堵塞现象，因此，在开车时要注意：

① 尽量使用不含固体的物料开车。

② 当处理物料的凝点较高或易发生沉淀时，应对进料和塔充分预热。

③ 在低温塔中，如果脱水未净或进料中含有水分，应预防冻塔的发生。

④ 应尽量提高气液相流速，必要时可采取液体循环的办法来增大液流量。

⑤ 如果料液遇高温易聚合结焦，应避免再沸器过热。

（3）塔的加热和冷却

高温精馏塔的开车必然要经历塔的加热升温步骤，在停车时则需经历上述相反的过程。塔的加热和冷却应注意：

① 塔在加热和冷却过程中，由于温度的差异易引发各部分热膨胀的差异，相互紧固的各部分之间就会受到热应力。因此，在塔的加热和冷却前，首先对各部分的温度变化情况进行估计，并进一步校核热应力，采取恰当的升温和冷却方案，预防相连接部分撕裂、弯曲等机械损坏和渗漏等。

② 塔的升温可以结合水蒸气吹扫、液体循环或热气体（惰性气或空气）吹扫实现，也可能仅靠再沸器加热来升温，升温过程必须缓慢进行。加热过快，上升蒸气遇冷的塔内件立刻冷凝，很易产生液泛、水击等，易造成塔内件的损坏，再沸器本身管子与花板接口也易渗漏。

③ 当处理的物料凝点高或黏度大时，塔的预热十分重要，预热可防止堵塞，缩短开车时间。

④ 高温塔停车冷却开始前，应将塔中存液尽可能排出，否则在塔中凝固后就很难处理。

⑤ 当高温塔停车冷却时，塔中充满可凝性蒸气，故应缓慢冷却。快速冷却必然带来热量移走处蒸气的大量冷凝，导致别处蒸气高速地涌向该处，造成过大压差和水击，再加上过大的热应力，易造成塔板和其他塔内件损坏。过快的蒸气冷凝很可能造成塔内负压。

⑥ 如果因塔的散热速率难以减小，而且出现负压又有较大危险时，可以向塔中通入惰性气体或工艺过程中的有关气体，以保持塔稍微正压。

（4）料液的过冷或过热

当精馏塔处理过冷或过热的料液时，合理设计的塔很易进行正常操作。但是，在塔的开车阶段，一切都不正常，操作人员对操作也不十分熟悉，处理过冷或过热的料液有可能遇到一些麻烦。

① 过冷料液开车时最好将料液适当预热，或者让塔全回流操作开车，并缓慢地引入料液。

② 当塔中含有不耐高温物质制造的内件时，若使用过热料液，可向塔中引入直接蒸气降温来防止事故发生。

（5）板式塔中的液封

在设计中，如果板式塔的降液管没有合理考虑液封，很容易在操作中产生过多的雾沫夹带而影响分离效果。

塔正常操作时，气体穿过塔板上的孔道上升，液体则错流经过板面，越过溢流堰进入降液管而流到下一层塔板。在刚开车时，蒸气则倾向于通过降液管和塔板上蒸气孔道上升，液体趋向于经塔板上孔道泄漏，而不是横流过塔板进入降液管。只有当气液两相流速达到可以建立起液封时，才逐渐变成正常流动状况。建立液封通常有三条准则：

① 气体通过塔板上孔道的流速须足够大，能阻止液体从孔道中泄漏，使液体横流过塔

板，越过溢流堰到达降液管。

② 气体一开始流经降液管的气速须足够小，使液体越过溢流堰后能降落并通过降液管。

③ 降液管必须被液体封住，即降液管中液层高必须大于降液管的底隙高度。

在设计中常取降液管底隙小于溢流堰高，以满足上述要求。只有在液体流量大的塔中，才考虑取底隙高度大于溢流堰高。

3. 全回流操作

全回流开车可以保证精馏塔有比较充裕的时间对操作进行调整，容易建立起浓度分布，从而达到产品组成的规定值，并能节省料液用量和减少不合格产品量。

全回流操作时可应用料液，也可以用合格的或不合格的产品，这样塔中建立的状况与正常操作时较接近。一旦正式加料运转，容易调整得到合格产品。

对于回流比大的塔，全回流时塔中状况与操作状况比较接近。对于回流比小或很易开车的塔，则往往没必要采用全回流开车办法。

4. 塔中液体的排放

在前期进行塔的冲洗、液体循环和液泛后，塔中充满相当数量的液体，有些甚至充满全塔，此时，需进行液体排放，在塔停车时当然也需要排净塔中存液。液体排放必须适当控制排放速率，以免引起设备损坏。

当浮阀塔中充满液体后，从塔底部过快排液很易造成液体断层，很易压弯塔板和支承。对于筛孔塔一般不会发生这类事故，但如果降液管底隙甚小又遇到堵塞时，对于进料口、人孔等板间距大的部位，降液管和受液盘可能被液体压弯。

三、精馏塔的日常维护和检修

为了确保塔设备安全稳定运行，必须做好日常维护和检修，做好日常检查，并记录检查结果，以作为定期停车检查、检修的资料。

1. 精馏塔的日常维护

精馏塔的日常维护和检查内容有：原料、成品及回流液的流量、温度、纯度、公用工程流体（如水蒸气、冷却水、压缩空气等）的流量、温度及压力；塔顶、塔底等处的压力及塔的压力降；塔底的温度；安全装置、压力表、温度计、液面计等仪表；保温、保冷材料；检查连接部位有无松动的情况；检查紧固面处有无泄漏，必要时采取增加夹紧力等措施。

2. 精馏塔的停车检修

塔设备在一般情况下，每年定期停车检查1～2次，将设备打开，对其内构件及壳体上大的损坏进行检查、检修。通常停车检查项目有：检查塔盘水平度、支持件、连接件的腐蚀、松动等情况，必要时取出塔外进行清洗或更换；检查塔底腐蚀、变形及各部位焊缝的情况，对塔壁、封头、进料口处筒体、出入口接管等处进行超声波探伤仪探测，判断设备的使用寿命；全面检查安全阀、压力表、液面计有无发生堵塞现象，是否在规定的压力下动作，必要时重新进行调整和校验；检查塔板的磨损和破坏情况，如在运行中发现异常振动现象，停车检查时一定要查明原因，并妥善处理。应当注意的是，为防止垫片和紧固用配件之类的损坏和遗失，有必要准备一些备用品；当从板式塔内拆出塔板时，应将塔板一一做上标记，这样在复原时就不至于装错。

四、精馏操作的安全技术

化工生产具有易燃、易爆、易中毒、高温、高压、有腐蚀性等特点，生产工艺复杂多样，生产过程中潜在的不安全因素很多，危险性很大，因此对安全生产的要求很严格。

1. 生产安全技术

就蒸馏操作来说，应注意以下几点。

（1）常压操作

① 正确选择再沸器。精馏操作一般不采用明火作为热源，采用水蒸气或过热蒸汽等较为安全。

② 注意防腐和密闭。为了防止易燃液体或蒸气泄漏引起火灾爆炸，应保持系统的密闭性。对于精馏具有腐蚀性的液体，应防止塔壁、塔板等被腐蚀，以免泄漏。

③ 防止冷却水进入塔内。对于高温精馏系统，一定要防止塔顶冷凝器的冷却水突然漏入精馏塔内，否则水会汽化导致塔压增加而发生冲料，甚至引起火灾爆炸。

④ 防止堵塔。防止因液体所含高沸物或聚合物凝结造成堵塞，使塔压升高引起爆炸。

⑤ 防止塔顶冷凝。塔顶冷凝器中的冷却水不能中断，否则，未凝的易燃蒸气逸出可能引起爆炸。

（2）减压操作

① 保证系统密闭。在减压操作中，系统的密闭性十分重要。精馏过程中，一旦吸入空气，很容易引起燃烧爆炸事故。因此，真空泵一定要安装单向阀，防止突然停泵造成空气倒吸进入塔内。

② 保证开车安全。减压操作开车时，应先开真空泵，然后开塔顶冷却水，最后开再沸蒸气。否则，液体会被吸入真空泵，可能引起冲料，继而引起爆炸。

③ 保证停车安全。减压操作停车时，应先冷却，然后通入氮气吹扫置换，再停真空泵。若先停真空泵，空气将被吸入高温精馏塔，易引起燃烧爆炸。

（3）加压操作

① 保证系统密闭。加压操作中，气体或蒸气容易向外泄漏，引起火灾、中毒或爆炸等事故，因此，设备必须保证很好的密闭性。

② 严格控制压力和温度。由于加压精馏处理的液体沸点都比较低，危险性很大，因此，为了防止冲料等事故发生，必须严格控制精馏的压力和温度，并应安装安全阀。

2. 开车与停车安全技术

（1）开车安全技术

生产装置的开车过程是保证装置正常运行的关键。为保证开车成功，必须遵循以下安全制度。

① 生产辅助部门和公用工程部门在开车前必须符合开车要求，投料前要严格检查各种泵、材料及公用工程的供应是否齐备、合格。

② 开车前严格检查阀门开闭情况和盲板抽加情况，要保证装置流程通畅。

③ 开车前要严格检查各种机电设备及电器仪表等，保证处于完好状态。

④ 开车前要检查落实安全、消防措施完好，保证开车过程中的通信联络畅通，危险性较大的生产装置及过程开车，应通知安全、消防等相关部门到现场。

⑤ 开车过程中各岗位要严格按开车方案的步骤进行操作，要严格遵守升降温、升降压、投料等速度与幅度要求。

⑥ 开车过程中应停止一切不相关作业和检修作业，禁止一切无关人员进入现场。

⑦ 开车过程中要严密注意工艺条件的变化和设备运行情况，发现异常要及时处理，紧急情况时应中止开车，严禁强行开车。

（2）停车安全技术

① 停车。执行停车时，必须按上级指令，并与上下工序取得联系，按停车方案规定的停车程序进行。

② 泄压。若该设备是加压操作，就必须进行泄压操作。泄压时应缓慢进行，在压力未泄尽排空前，不得拆动设备。

③ 排放。在排放残留物料时，不能使易燃、易爆、有毒、有腐蚀性的物料任意排入下水道或排放到地面上，以免发生事故或造成污染。

④ 降温。降温的速度应按工艺要求的速率进行，要缓慢，以防设备变形、损坏等事故发生，不能用冷水等直接降温，以强制通风、自然降温为宜。

3. 检修的安全技术

化工设备及其管道、阀门等附件在运行过程中若腐蚀、磨损严重，一定要进行日常的维护保养和停车检修。化工生产的危险性决定了化工检修的危险性，因此必须加强检修的安全管理，具体要注意以下几点。

① 安全用具的准备。为了保证检修的安全，检修前必须准备好安全及消防用具，如安全帽、安全带、防毒面具、测氧、测爆等分析化学仪器和消防器材、消防设施等。

② 抽堵盲板。抽堵盲板属危险性作业，应办理作业许可证和审批手续，并指定专人制定作业方案和检查落实相应的安全措施。抽堵多个盲板时，按盲板位置图和编号作业。严禁在一条管路上同时进行两处或两处以上抽堵盲板作业。

③ 置换和中和。为了保证检修的安全，设备内的易燃、易爆、有毒气体应进行置换，酸、碱等腐蚀性液体应进行中和处理。

④ 吹扫。对可能积附易燃、易爆、有毒介质残留物、油垢或沉淀物的设备，用置换方法不能彻底清除时，还应进一步进行吹扫作业，以便清除彻底。

⑤ 清洗和铲除。经置换和吹扫无法清除的沉积物，可采用清洗的方法，若清洗无效时，

应采用人工铲除的方法予以清除。

⑥ 检验分析。清洗后的设备必须进行检验分析，以保证安全要求。

⑦ 切断电源。对一切需要检修的设备，要切断电源，并在启动开关上挂上“禁止合闸”的标志牌。

⑧ 整理场地和通道。凡是与检修无关的、妨碍通行的物体都要挪开，无用的坑沟要填平，地面上、楼梯上的积雪、冰层、油污等都要清除，不牢构筑物旁要设置标志，孔、井、无拦平台要加标志。

【学习诊断】

一、填空题

1. 精馏塔在投入运行前需进行________、________、________、________、________、________等操作。

2. 对塔的吹扫常用________和________法。

3. 精馏塔开车前对于塔板的安装，除了要注意浮阀数目和排列方式外，还应注意塔板的________度和________度。

4. 塔吹扫最常用的惰性气体是________、________或________。

二、选择题

1. 精馏塔开车前对管路的吹扫一般是（　　）。

A. 从塔内向外　　B. 从外向塔内

C. 从管线中间某个位置开始　　D. 以上都可以

2. 精馏塔开车前对塔的吹扫，可以采用（　　）作为介质。

A. 氧气　　B. 一氧化碳　　C. 氮气　　D. 氨气

3. 精馏塔在试运行和开车前，必须（　　）。

A. 安装盲板　　B. 拆除盲板　　C. 安装灵敏板　　D. 拆除灵敏板

4. 精馏塔进行减压操作的目的是（　　）。

A. 提高塔釜温度　　B. 降低塔釜温度　　C. 提高塔顶温度　　D. 降低塔顶温度

5. 精馏塔进行系统流程贯通、吹扫时，最终应达到采样分析含（　　）量至置换合格为止。

A. 空气　　B. 氧气　　C. 氮气　　D. 水蒸气

三、判断题

（　　）1. 精馏塔开车前的检查提倡边安装边检查。

（　　）2. 精馏塔开车前检查塔板时必须逐一检查。

（　　）3. 精馏塔开车前对管路进行吹扫时需要把流量计拆除。

（　　）4. 精馏塔在停车及开工期间，必须要装、拆盲板。

（　　）5. 精馏塔在正常运行前，需要先进行全回流操作。

项目二 化工虚拟仿真技术与仿真软件的使用

学习目标

知识目标

- 了解虚拟仿真与虚拟仿真技术。
- 了解虚拟仿真技术及其分类、应用和发展趋势。
- 了解化工虚拟仿真技术的应用背景、作用和意义。
- 了解化工仿真实习系统的构成、主要应用和基本操作与教学要求。
- 了解化工仿真实习教学系统的建立及操作使用步骤。
- 熟悉化工仿真实习教学系统画面及菜单、界面符号及所代表的意义。
- 掌握化工仿真实习教学系统的操作原理。

能力目标

- 能理解化工仿真实习系统与实际生产过程之间的关系。
- 能熟练进行化工仿真实习教学系统的启动与退出、画面切换、阀门启闭与开度调节及典型设备开停等基本操作。
- 能根据操作要求对操作参数进行设置。
- 能正确分析和处理操作中出现的问题。

任务1 虚拟仿真技术及其应用

一、虚拟仿真的定义

虚拟仿真技术是仿真技术和虚拟现实技术结合的产物，是伴随计算机技术、网络技术、虚拟现实技术、传感技术及人工智能技术的发展而快速发展起来的新技术，并成为人们认识自然和客观规律的一个重要方法。它已经在各行业的研究、产品开发、方案论证、工艺设计、测试评估及培训等方面成为重要的技术手段，深刻影响着社会生产生活的方方面面。

1. 系统仿真的概念

仿真技术，又称模拟技术，简单地说就是指用一个系统来模拟另一个真实系统的技术。20世纪初仿真技术已得到应用，例如，在实验室中建立水利模型，进行水利学方面的研究。40～50年代，航空、航天和原子能技术的发展推动了仿真技术的进步。60年代，计算机技术的突飞猛进，为仿真技术提供了先进的工具，加速了仿真技术的发展。在仿真技术的基础上，又进一步提出了系统仿真的概念。

所谓系统仿真，就是根据系统分析的目的，在分析系统各要素性质及其相互关系的基础上，建立能描述系统结构或行为过程的且具有一定逻辑关系或数量关系的仿真模型，据此进行试验或定量分析，以获得正确决策所需的各种信息。仿真技术为人们认识复杂系统并解决相关问题提供了有效途径，其作用主要体现在以下几点。

① 仿真的过程也是实验的过程，而且还是系统地收集和积累信息的过程。尤其是对一些复杂的随机问题，应用仿真技术是提供所需信息的唯一令人满意的方法。

② 对一些难以建立物理模型和数学模型的对象系统，可通过仿真模型来顺利地解决预测、分析和评价等系统问题。

③ 通过系统仿真，可以把一个复杂系统降阶成若干子系统以便于分析。

④ 通过系统仿真，能启发新的思想或产生新的策略，还能暴露出原系统中隐藏着的一些问题，以便及时解决。

仿真系统按照不同原则可以分为不同的类型。按所用模型的类型可分为物理仿真、计算机仿真（数学仿真）和半实物仿真。

按仿真对象中的信号流（连续的、离散的）可分为连续系统仿真和离散系统仿真。

按仿真时间与实际时间的比例关系可分为实时仿真（仿真时间标尺等于自然时间标尺）、超实时仿真（仿真时间标尺小于自然时间标尺）和亚实时仿真（仿真时间标尺大于自然时间标尺）。

按对象的性质可分为宇宙飞船仿真、化工系统仿真、经济系统仿真等。

2. 虚拟现实的概念

虚拟现实技术，亦称为灵境技术，一般是指用计算机技术模拟其他环境（包括现实世界环境和假想环境）或事物的技术，让使用者如同身临其境，可以及时、没有限制地观察三度空间内的事物。近年来，虚拟现实技术伴随计算机技术、网络技术、计算机图像技术、传感技术、人机交互技术等技术的发展而快速发展。

3. 虚拟仿真的概念

虚拟仿真技术是仿真技术与虚拟现实技术结合的产物（图2-1）。区别于传统仿真模型的抽象表达，利用虚拟现实技术建立和实现的仿真模型，能够有效地通过图形、声音甚至感官输出，使人们通过视觉、听觉等感知更好地理解仿真装置，使仿真系统具备了更广阔的应用空间和更强大的生命力。

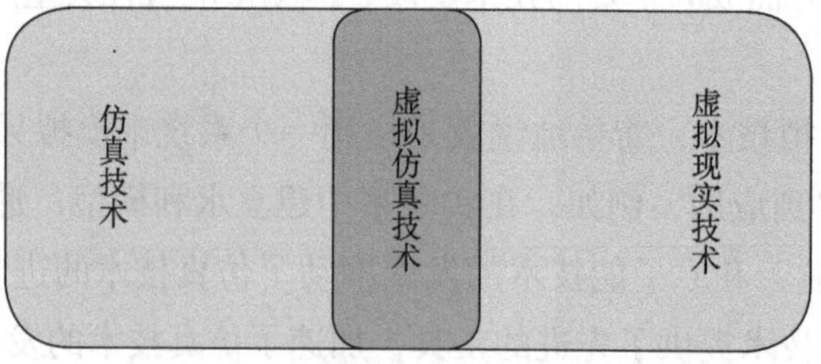

图2-1　虚拟仿真技术与仿真技术、虚拟现实技术的关系

仿真系统的意义在于通过其他形式再现目标系统，从而便于人们认识一些复杂的系统，最简单的仿真模型如地球仪。而虚拟现实技术则是通过计算机与VR设备为人们模拟出一个可以通过视觉、听觉、嗅觉、感觉等体感系统感知的环境，如人们可以通过VR体验火山爆发时的场景。随着VR技术的快速发展，人们将虚拟现实技术引入到系统仿真技术中，形成了虚拟仿真技术（又称“人在回路仿真”）。

二、虚拟仿真技术概述

虚拟仿真技术是仿真技术的重要分支，并成为继数学推理、科学实验之后人类认识自然界客观规律的第三类基本方法，而且正在发展成为人类认识、改造和创造客观世界的一项通用性、战略性技术。通过虚拟仿真技术，人们可以构建一个与被研究系统一致的动态虚拟仿真环境。这一虚拟系统是具有开放性和可交互性的，能够做出与被研究系统相似的反馈，并通过视觉、听觉和其他人体感受反馈给人们，从而为参与者提供与真实系统尽可能相似的直观体验。例如，通过虚拟仿真技术构建的地震灾难应急演练系统为用户提供地震发生时的虚拟环境，人们通过该系统可以直观地了解发生地震时在不同情境下如何有效自救，这将有助于降低地震灾害带来的人员伤亡。本书中所阐述的正是基于虚拟仿真技术的化工工艺仿真，通过化工工艺虚拟仿真系统来还原化工精馏操作典型工艺，使操作者能够尽可能获得与化工厂相似的操作体验，从而系统地了解精馏操作的要点和特性，为培养工程型化工人才服务。

1. 虚拟仿真技术的特点

（1）沉浸性

在虚拟现实技术中，使用者通过视觉、听觉、运动感觉以及嗅觉和触觉等多种感知，从而获得一种身临其境的感受。理想的虚拟仿真系统应该有能够让人获得所有感知信息的功能。

（2）交互性

在虚拟现实技术中，使用者不仅仅能够感知环境，也可以对环境进行控制。理想状态下，使用者能够通过近乎自然的行为进行环境控制，而系统可以予以实时的反应。

（3）虚幻性

虚拟仿真系统中的环境是人通过自己的构想虚拟出来的，并通过计算机、人工智能设备等工具模拟出来。虚拟现实技术既可以模拟客观存在的环境，也可模拟出客观世界中并不存在的环境或者由人的构想所创造出的世界。

（4）逼真性

虚拟现实技术的逼真性体现在两个方面：一方面，虚拟环境通过各种图形、声音等输出使人获得与所模拟的客观世界极其相像的各种感知，一切感知都很逼真，就好像在真实世界一样；另一方面，当人以自然行为作用于虚拟环境的时候，环境做出的反应也是符合客观世界的相关规律的。

2. 虚拟仿真技术的应用

虚拟现实技术作为一种技术手段，首先必须与应用端连接，才能形成真正的仿真系统。从虚拟仿真技术的发展来看，早期多应用于军事模拟训练和深空探测领域。1984年，NASA Ames研究中心虚拟行星探测实验室的M.McGreevy博士和J.Humphries博士组织研发了用于探测火星的虚拟环境显示器，将火星探测器传送回来的数据输入计算机，为构建火星表面的三维虚拟环境提供数据支持。在之后的虚拟交互环境工作站（VIEW）项目中，他们又研发了通用多传感个人仿真器和遥感设备。这一领域的应用使得虚拟仿真技术得到了资金与科研力量的支持，从而促使该技术得到发展。

三、化工生产中的虚拟仿真技术

1. 化工虚拟仿真技术的应用背景

化工行业作为国民经济的支柱产业，其生产过程具有其行业自身的特点。

（1）化工产品和生产方法的多样化

首先，在化工生产中所用的原材料、半成品、成品等种类繁多，且绝大部分是易燃、易爆、有毒或者具有腐蚀性的危险化学品。其次，在生产过程中涉及的单元操作和单元反应门类众多。再次，生产方法多样化，即使用同一种原料采用不同的生产方法，也会得到不同的产品。这就为专业技术人员和操作工人的培训带来难度，特别是在化工专业学生的培养上，如何让学生能够更好地理解和掌握各化工单元操作和生产流程的特点，成为工程型化工人才培养的瓶颈。

（2）生产规模的大型化

从20世纪50年代开始，国际上化工生产采用大型生产装置成为一个明显的趋势。很多生产装置年产量都是十万吨甚至百万吨级，如乙烯生产装置百万吨/年的规模就比较常见。采用大型装置可以明显降低单位产品的建设投资和生产成本，有利于提高劳动生产率，但对生产企业的管理和操作人员就提出了更高的要求。

（3）工艺过程的连续化和自动控制

化工生产早已进入连续化和自动控制的生产方式，各生产环节之间的联系越来越紧密，这使得很多生产过程不可见。

（4）生产工艺条件苛刻

化工生产中，很多化学反应是在高温、高压、深冷、真空等环境下进行的。苛刻的生产工艺条件对工艺技术的先进性、设备的安全可靠性以及操作人员的技术水平、责任心都提出了更高的要求。

2. 化工虚拟仿真技术的作用及意义

现代化工企业的生产规模不断扩大，自动化程度不断提高，且生产过程往往涉及易燃、易爆、高温、高压等环境，这就要求从业人员具有宽厚的专业理论基础和熟练的操作技能。因此，培养良好的操作技能是化工企业培训和高等院校人才培养的重要组成部分，但在实际培训中往往面临重重困难。

① 化工反应常常涉及易燃、易爆、高温、高压、有毒化合物等，存在安全隐患。

② 设备装置庞大复杂，高成本，高能耗。

③ 在生产和实验环节产生酸、碱、重金属等有害物质，污染环境。

④ 化工企业生产环节复杂，危险性高，无法实际操作。

⑤ 企业生产过程高度自动化，部分生产过程无法观察。

正是由于以上这些原因，现代化工行业人才需求和培养间存在较大的矛盾。将虚拟现实技术引入化工操作培训，通过虚拟现实技术构建化工生产各流程的仿真模型，真实再现生产中开车、停车、正常运行及故障处理等环节的操作，并通过对进料、温度、流量、压力等的控制进行反馈，可以真实反映在真实生产中的相关变化，从而使操作者能够尽可能地获得与在实际生产操作中近乎相同的操作体验。这对培养现代化工企业需要的技术人才具有重要意义。具体体现在以下几个方面。

（1）经济安全，使重复操作成为可能

通过计算机系统模拟高温、高压、爆炸性、辐射性及剧毒生产过程，有效地解决了安全、环保等问题，并且可以反复重复，使操作者真正理解和熟练掌握该生产过程的操作技能。同时可以为操作者提供非规范操作的可能性，使其了解错误操作的后果，并在事故发生后进行故障处理操作，这对企业的安全生产具有重要意义。

（2）覆盖面广，可再现化工生产中的各流程、各工况操作

采用虚拟仿真技术，可以再现不同试验或生产环境模型，在同一模型中还可提供不同角色操作模式。这一模式使培训人员能够进行多流程、多工种操作培训，拓宽学生专业操作覆盖面，同时也能根据培训需求灵活调整培训的操作内容。

（3）开放性强

通过网络实现资源共享，使培训摆脱了空间、时间的限制。传统化工实验实训要求培训人员必须在指定时间、在实训地点进行培训，使操作培训受到诸多限制。而通过仿真技术建立化工仿真系统可以方便地通过网络实现资源共享，从而建立开放性的教学资源、教学形式及教学对象系统。

（4）交互性强

采用虚拟仿真技术能真实地再现操作现场环境，并给予操作相关反馈，从而使操作者有身临其境的体验。浸入式互动实操教学增强了培训操作的生动性，提高了操作者的感性认识

和学习积极性。

总之，虚拟仿真技术与化工技术的结合，很大程度上改变了化工专业培训模式，对化工行业的人才培养起到了重要的作用，在未来具有广阔的发展空间。

本书作为化工精馏操作虚拟仿真实践课程的教材，将结合精馏理论讲解精馏仿真软件，梳理化工精馏虚拟仿真操作的要点，如正常工况下的工艺参数范围、控制系统原理、阀门等控制器的关键操作、开车/停车规程等，并通过仿真操作使学生基本具备典型化工生产过程的开车、停车、运行和排除事故的能力，最终达到加深学生对化工精馏相关知识点的理解，并在此基础上能够灵活应用，提高学生综合分析问题的能力。通过化工工艺仿真培训，使学生达到：

① 了解化工过程的工艺和控制系统的动态特性，提高对工艺过程运行和控制能力。

② 加深对工厂具体化工设备、化工操作的感性认识，进一步了解所学专业的性质，以便今后更好地学习专业基础课及专业课。

③ 收集各项技术资料和生产数据，培养理论联系实际的习惯。

④ 培养学生的学习兴趣，提高学生勇于思考、勇于创新的精神。

任务2　化工仿真实习系统的构成和操作要求

一、化工仿真实习系统的构成

在了解化工仿真实习系统的构成之前，有必要先来熟悉实际的化工生产操作和控制过程。

1. 实际化工生产过程

实际化工生产过程是由操作人员根据自己的工艺理论知识和装置的操作规程，在控制室和装置现场进行的操作。操作内涵包括将操作信息传送到生产现场，在生产装置内完成生产过程中的物理变化和化学变化，同时一些主要生产工艺指标经测量单元、变送器等反馈至控制室；控制室操作人员通过观察、分析反馈来的生产信息，判断装置的生产状况，进行进一步的操作，使控制室和生产现场形成一个闭合回路，逐渐使装置达到满负荷平稳生产状态。实际化工生产过程包括控制室、生产装置、操作人员、干扰和事故四个要素，如图2–2所示。

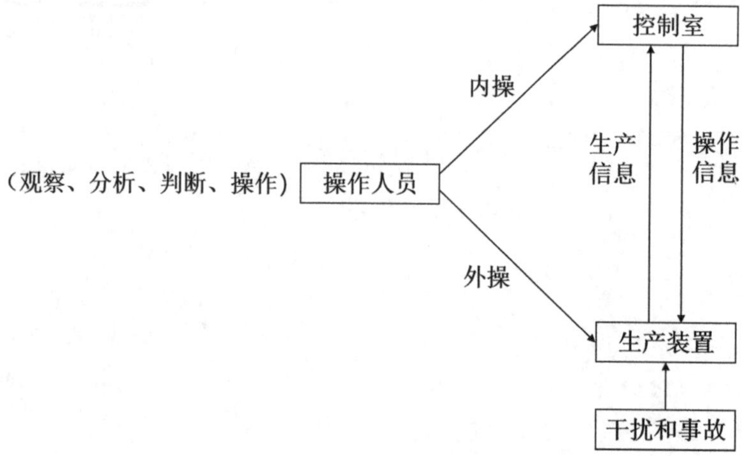

图2–2　实际化工生产过程示意简图

控制室和生产装置是生产的硬件环境，在生产装置建成后，工艺和设备基本不变。操作人员分为内操和外操，内操在控制室内通过DCS（distributed control system，分散控制系统）对装置进行操作和过程控制，是化工生产的主要操作人员；外操在生产现场进行诸如生产准备性操作、非连续性操作、一些机泵的就地操作和现场巡检。干扰是指生产环境、公用工程等外界因素变化对生产过程的影响，如环境温度的变化等。事故是指生产装置的意外故障或因操作人员的误操作所造成的生产工艺指标超标的事件。干扰和事故是生产中的不定因素，对生产有很大的负面影响。操作人员对干扰和事故的应变能力和处理能力是影响生产的主要因素。

2. 化工仿真实习系统的构成

化工仿真实习系统必须以实际生产过程为基础，通过建立生产装置中各种过程单元的动态特征模型及各种设备的特征模型，模拟生产的动态过程特性，创造与真实装置非常相似的操作环境，包括各种画面的布置、颜色、数值信息动态显示、状态信息动态指示、操作方式等方面，使学员完成相应的模拟操作与控制。

目前，化工仿真实习系统主要由硬件系统和软件系统两部分构成。硬件系统是由一台上位机（教师指令台）和最多几十台下位机（学员操作站）构成的网络系统（可以构成一个局域网系统，也可以是借助互联网的线上系统）。硬件系统主要有两种形式，一种是 PTS（plant training system，工厂培训系统）结构，PTS 结构的硬件系统是由一台上位机（教师指令台）和下位机（学员操作站）构成的网络系统（主要为局域网），通常是装置级仿真培训系统，适合于化工企业在岗职工的在职培训；另一种为STS（school teaching system，学校教学系统）结构，STS 结构硬件系统则是由一台上位机（教师指令台）和多台下位机（学员操作站）组成的网络系统（可以是局域网或直接利用互联网），通常是单元级和工段级仿真培训软件，也可以开发装置级软件，STS结构软件可以上、下机联网培训，也可以单机培训，适用于学生实训和工厂新职工的岗前培训。本书所介绍的化工精馏操作虚拟仿真教学系统是 STS 结构系统。

化工仿真实习系统的操作主要借助于学员操作站和系统软件构建的仿控制室（包括 DCS 操作画面和控制功能、图形化现场操作界面），学员在仿控制室进行相关操作，操作信息通过网络送到工艺仿真软件处理系统。仿真软件完成实际生产过程中物理变化和化学变化的模拟运算，一些主要的工艺指标（仿生产信息）经网络系统反馈到仿控制室。学员通过观察、分析反馈回来的仿生产信息，判断系统运行状况，进行进一步的操作。在仿控制室和工艺仿真软件处理系统间形成了一个闭合回路，逐步操作、将装置调整到满负荷平稳运行状态。干扰排除和事故处理操作由培训教师通过教师指令台的人/机界面进行设置。

二、化工仿真实习系统的操作要求

1. 仿真实训前的准备

仿真实训前应到工厂认识实习的内容，了解各种化工单元设备的空间几何形状和结构特点、工艺过程的组成、控制系统的组成、管道走向、阀门的大小和位置等，建立起一个完整的、真实的化工过程的概念；同时应有一定的理论知识准备，需要掌握相关专业知识，如化工单元操作技术、化工生产技术、化学反应工程相关知识等。仿真实训前的准备工作主要包括以下几个方面。

（1）了解物料的性质和变化

了解物料的性质和化工生产过程中所发生的物理变化及化学变化，对于深入理解操作规程、安全运行化工装置和正确处理事故都有重要意义。

（2）熟悉设备和装置的工作原理及工艺流程

实训操作前，首先要读懂带指示仪表和控制点的工艺流程图，并熟悉主要设备的工作原理，确认主要设备及其空间位置、阀门的位置、检测点和控制点的位置，清楚物料流走向，记住开车达到正常设计工况的各重要参数，如压力、流量、液位、温度等。

仿真操作过程中，主要操作设备包括所有控制室和现场的手动设备和自动执行机构，主要有控制室的调节器、遥控阀、电开关、事故联锁开关和现场的快开阀门、手动可调阀门、调节阀、电开关等。自动控制系统在化工生产过程中起到维持平稳生产、提高产品质量、确保安全生产的重要作用，了解自动控制系统的作用原理及使用方法，才能进行正确操作。本书中的主要设备、调节器、显示仪表的位号、显示变量和正常值等都以表格的形式列出。

（3）熟悉操作规程和主要设备的操作要点

仿真操作规程通常包括冷态开车操作规程、正常停车操作规程、正常操作规程、紧急停车操作规程和事故处理方法。学员应在训练前预习操作规程和设备操作的要点，了解每一步操作的作用。

2. 仿真实训操作的基本要点

在具有一定理论知识、经过下厂认识实习、熟悉流程和开停车规程的基础上，可以进入仿真实训阶段，进行典型单元操作和典型化工产品生产过程的开车、停车、正常操作、事故判断和排除练习。仿真实训操作主要有以下基本要求。

（1）分清操作步骤的顺序关系

仿真实训操作的操作步骤之间有一定的顺序关系，操作过程中要考虑生产安全和工艺过程的自身规律。有些操作如果不按顺序进行会引发事故，所以必须严格按顺序操作，不能随意更改。有些操作步骤之间没有顺序关系，可以更改前后顺序。明确操作步骤顺序关系的前提是熟悉工艺流程，了解每一步操作的作用。

（2）分清调整变量和被调变量

调整变量是指调节器的输出所作用的变量，被调变量是指调节器的输入或设置调节器所要达到的目的。

（3）了解变量的上下限

装置开车前，要先了解变量的上下限。在仪表上下限以内，变量的报警分为高限（HI）和高高限（HH）、低限（LO）和低低限（LL）。若超过高限或低于低限先警告一次提醒注意，超过高高限或低于低低限则必须立即处理。

除报警上下限外，还要了解在正常工况时各变量允许波动的上下范围，这个范围比报警限要小。有些变量的变化对产品质量非常敏感，要严格控制。各调节阀的阀位与变量的上下限密切相关。当正常工况时，阀位通常设计在50%～60%，尤其要避开阀门开度在10%以下和90%以上的非线性区。

（4）操作时避免大起大落

大型化工装置的流量、液位、压力、温度或组成等变化都呈现较大的惯性和滞后性。由于系统的惯性和滞后性，调整阀门后不会立刻出现明显效果。如果急于求成，继续对阀门进行大幅度操作，将会使系统难以稳定在预期的工况。

正确的操作是每进行一次阀门操作，先适当观察一段时间，权衡被调变量与预期值的差距再进行下一步操作。越接近预期值，操作量应越小。这种方法看似缓慢，其实是稳定工况的最佳途径。

（5）调整好开车负荷

无论动设备还是静设备，无论单个设备还是整个流程，都有一条开车基本安全规则：先低后升，即先低负荷开车达正常工况，然后缓慢提升负荷。

（6）自动控制系统有问题立即改为手动

当自动控制系统有问题时立即换为手动，这是一条重要操作经验。但需要说明的是，控制系统的故障不一定出现在调节器本身，也可能出现在检测仪表、执行机构或信号线路方面。切换为手动包括直接到现场手动调整调节阀或旁路阀等。

（7）热态停车原则

热态停车是指不把系统停至开车前状态（冷态）而进行的局部停车操作，即有些事故状态并不一定要将全部系统都停下，可以局部停车，将事故排除后能尽快恢复正常。这是某些事故状态下的一种合理处理方法。

热态停车的原则是：处理事故所消耗的能量及原料最少，对产品的影响最小，恢复正常生产的时间最短；在满足事故处理的前提下，局部停车的部位越少越好。

（8）出现事故要准确判断根源

排除事故的基本原则是找到根源，如果事故原因不明确，则不能解决事故发生的根本问题。

（9）谨慎投联锁系统操作

联锁保护控制系统是在事故状态下自动进行热态停车的自动化装置。联锁动作的触发条件是确保系统处于正常工况的逻辑关系，因此只有当系统处于联锁保护的条件之内并保持稳定后才能投联锁（开车过程的工况处于非正常状态）。操作人员必须从原理上清楚联锁系统的功能、作用、动作机理和联锁条件，才能正确投用联锁系统。

实训过程中，学员必须注意力集中，反应迅速。首次仿真开车，难免出现顾此失彼的情况，教师应帮助和指导学生及时分析所出现问题的原因，总结经验教训，体会开车技巧，提高仿真实训效率。

任务3 仿真培训系统学员站的使用

教师指令台（教师站）和学员操作站的作用和功能不同，因此在教师指令台和学员操作站上所运行的软件也不同。在学员操作站上运行的是仿真培训软件，仿真培训软件包括工艺仿真软件、仿DCS软件和操作质量评分系统软件三部分。

一、仿真软件的启动

1. 程序启动

启动安装有化工虚拟仿真培训软件的计算机，单击“开始”按钮，在“所有程序”中找到“东方仿真”，单击“东方仿真客户端”程序；也可以直接双击桌面快捷图标“东方仿真客户端”。软件启动，弹出启动界面，如图2-3所示。

图2-3　系统启动界面

2. 运行方式选择

系统启动界面出现之后会出现主界面（图2-4），输入学号、姓名，设置正确的本机机器号和教师站IP（教师机IP地址或者教师机计算机名），同时根据教师要求选择“局域网模式”或者“单机练习”，进入软件操作界面。

局域网模式：即学员站与教师站连接，老师可以通过教师站软件实时监控学员的成绩，规定学员的培训内容，组织考试，汇总学生成绩等。

单机练习：即学员站不连接教师机，独立运行，不受教师站软件的监控。

提示： 考试必须在局域网模式下运行软件，建议平时练习也使用局域网模式。

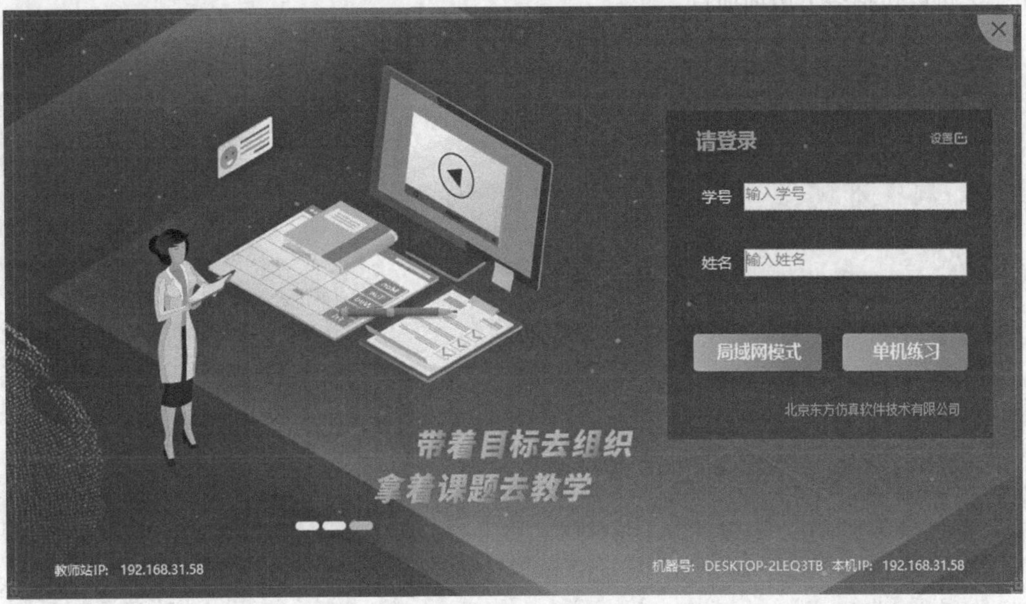

图2-4 PISP.net 主界面

3. 产品选择

如果用户选择“单机练习”模式，则会进入软件的产品选择界面，如图2-5所示。此页面列出了本机安装的所有仿真培训产品，如果产品较多，可以通过关键词进行搜索。

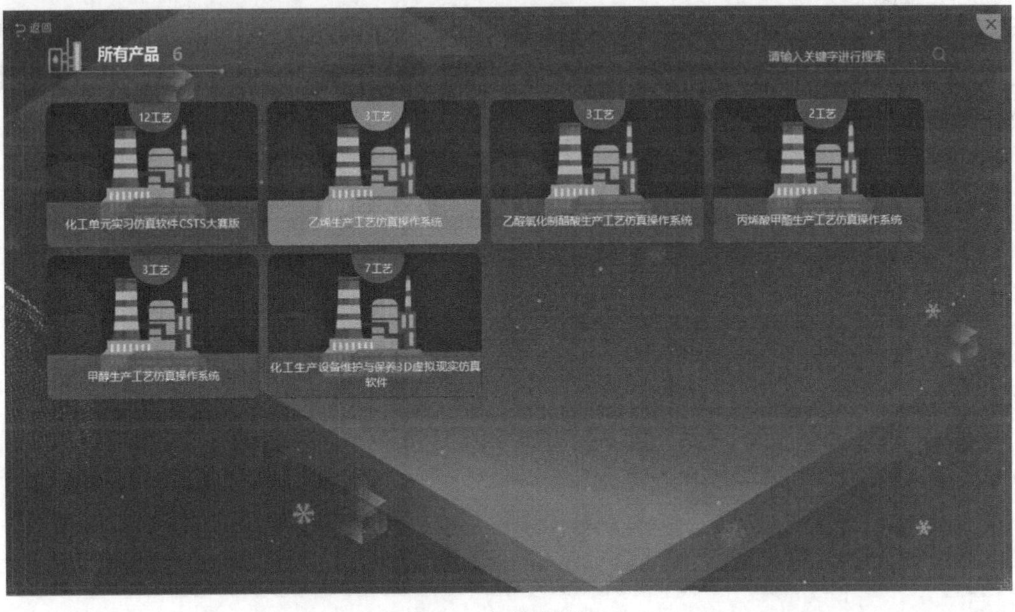

图2-5 产品选择界面

4. 工艺和培训

项目选择产品后，进入“工艺和培训项目”列表框，如图2-6所示。学员需从左侧选择所要练习的工艺，从右侧选择该工艺下的培训项目，如冷态开车、正常停车、事故处理等。每个工艺可以包括多个培训项目。

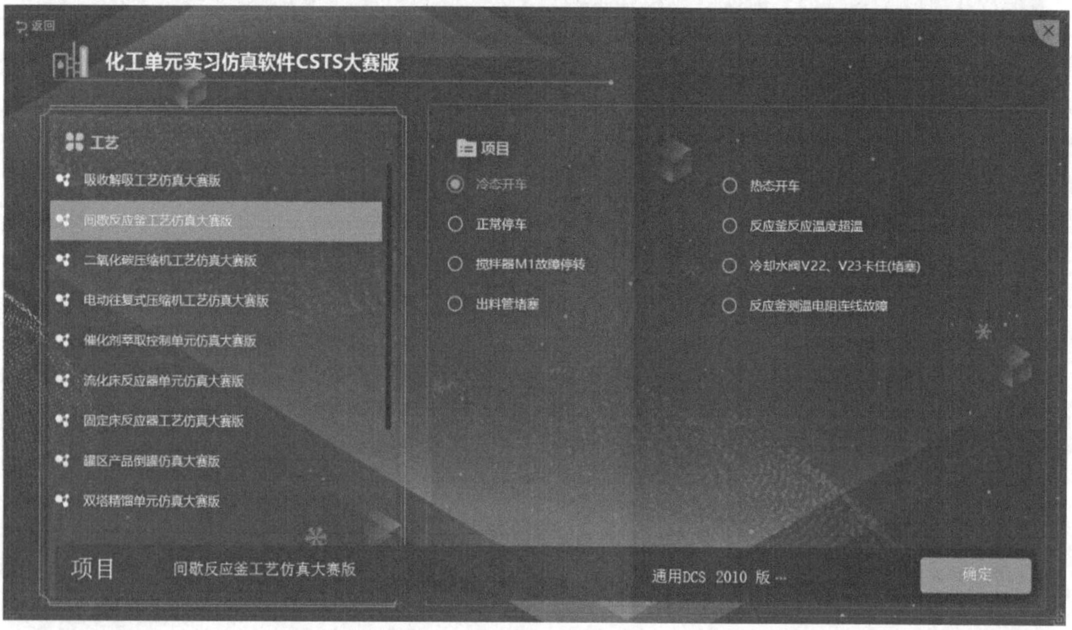

图2-6　工艺和培训项目选择

5. DCS类型选择

ESST（东方仿真）提供的仿真软件，包含多种DCS风格。常见的有：通用DCS，类似于国内大多数 DCS 厂商界面；TDC3000风格，类似于美国 Honywe11公司的操作界面；IA风格（IA_New风格和IA_HN风格），类似于Foxboro公司的操作界面；CS3000风格，类似于日本横河公司的操作界面，如图2-7所示。

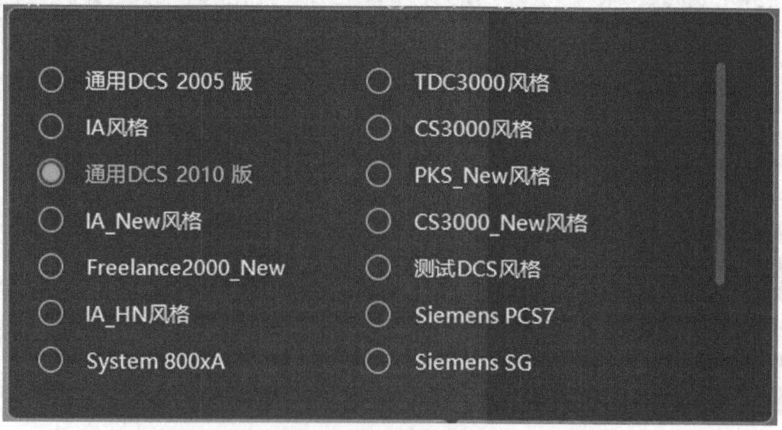

图2-7　DCS类型选择

二、主界面操作

1. 菜单介绍

仿真系统启动之后将启动两个窗口，一个是流程图操作窗口，一个是智能评价系统。首先进入流程图操作窗口进行软件操作。在流程图操作界面的上部是菜单栏，下部是功能按钮栏。上部菜单栏中有“工艺”“画面”“工具”“帮助”四项。

（1）“工艺”菜单

“工艺”菜单包括当前信息总览、重做当前任务、培训项目选择、切换工艺内容、进度存盘、进度重演、系统冻结/解冻、系统退出，如图2–8所示。

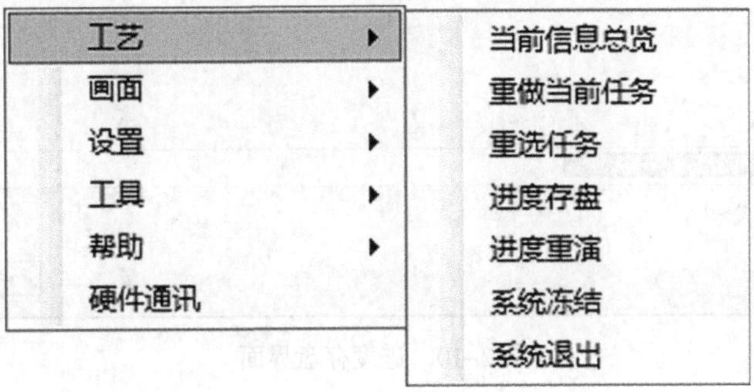

图2–8　“工艺”菜单

① 当前信息总览。显示当前培训内容的信息，如图2–9所示。

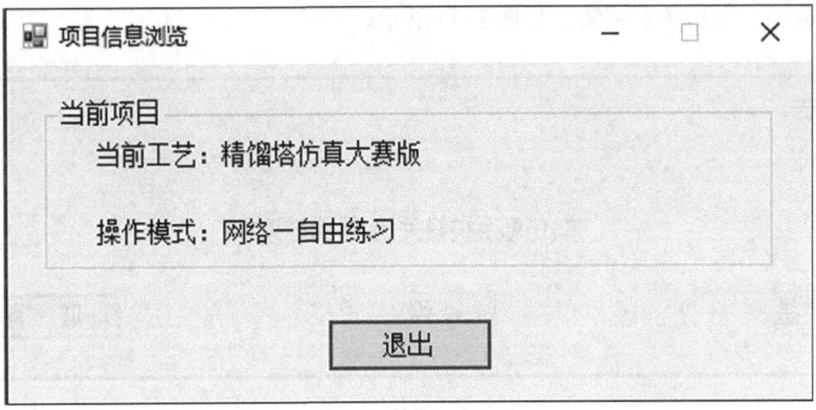

图2–9　当前项目信息

② 重做当前任务。系统进行初始化，重新启动当前培训项目。

③ 重选任务。退出当前培训项目，重新选择培训工艺。

④ 进度存盘。保存当前数据，以便下次调用时可直接从当前工艺状态开始操作。界面如图2–10所示。

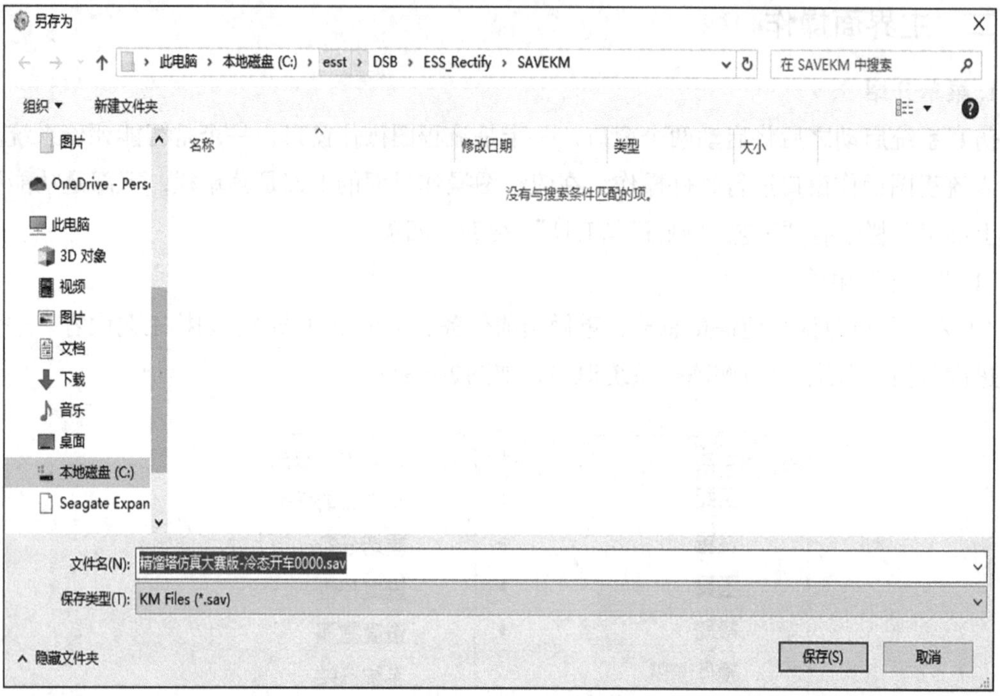

图2-10　进度存盘界面

⑤ 进度重演。读取所保存的快门文件（*.sav），恢复以前所存储的工艺状态。

⑥ 系统冻结/解冻。类似于暂停键。系统“冻结”后，DCS 软件不接受任何操作，后台的数学模型也停止运算。

⑦ 系统退出。退出仿真系统，如图2–11所示。

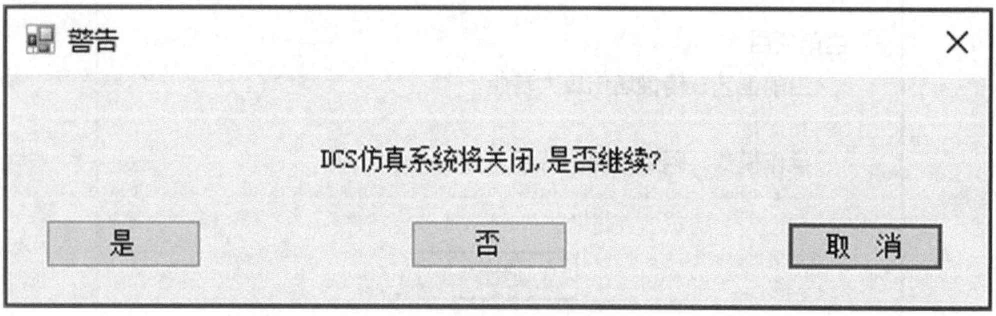

图2–11　系统退出界面

（2）“画面”菜单

“画面”菜单包括程序中的所有画面，有流程图画面、控制组画面、趋势画面、报警帮助、辅助画面、报警画面等。选择菜单项（或按相应的快捷键）可以切换到相应的画面，如图2–12所示。

（3）“工具”菜单

“工具”菜单可以用来监视变量、对仿真时钟进行设置，如图2–13所示。

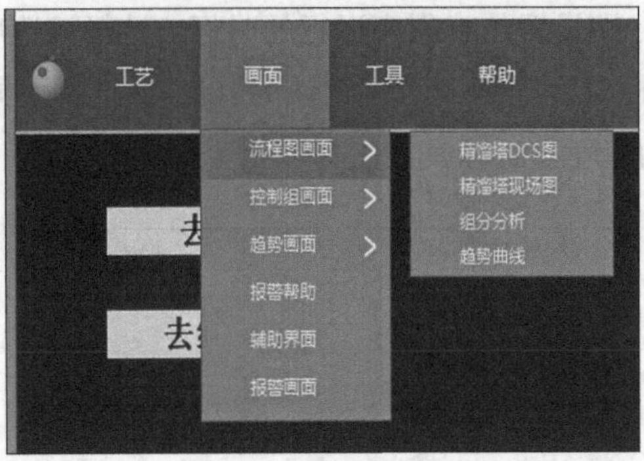

图2-12　画面菜单

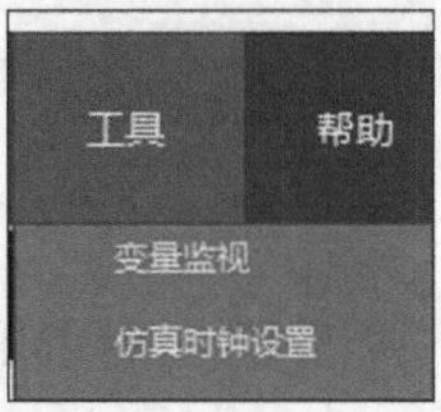

图2-13　设置工具菜单

① 变量监视。可实时监视变量的当前值，查看变量所对应的流程图中的数据点以及对数据点的描述和数据点的上下限。“变量监视”界面如图2-14所示。

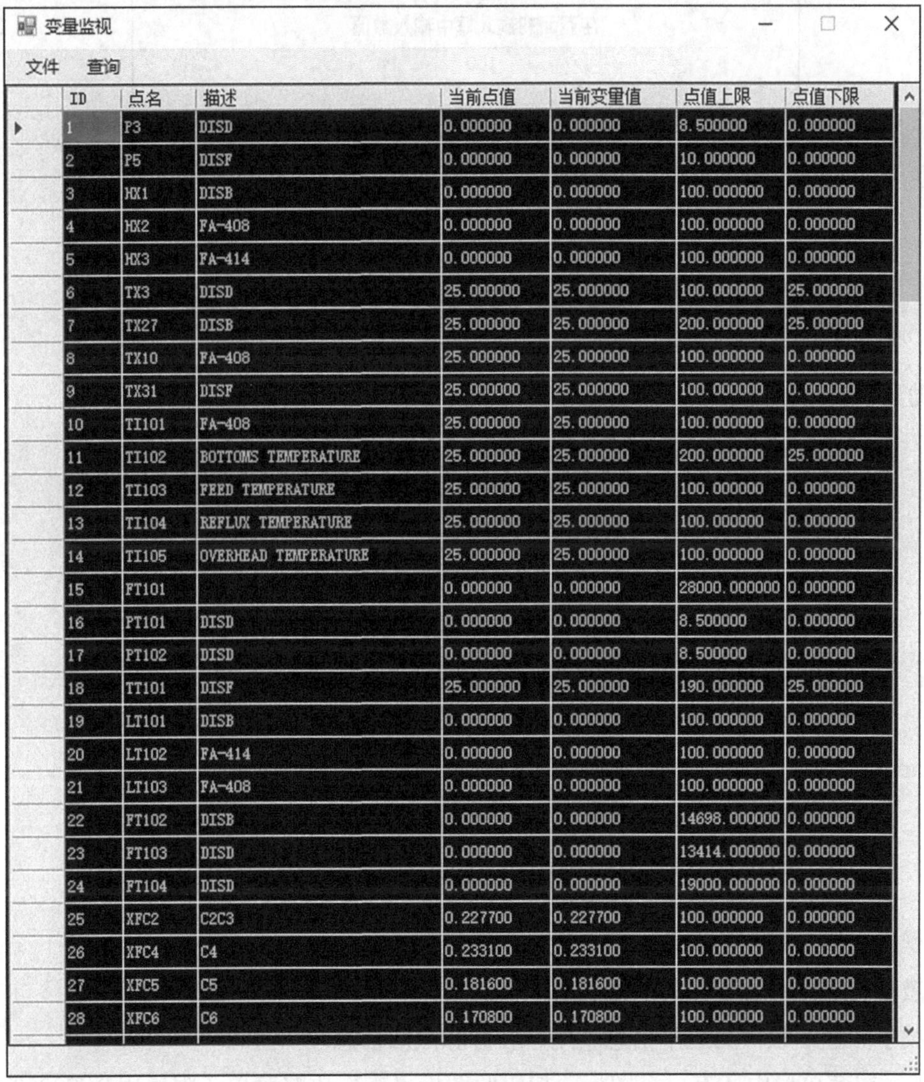

ID	点名	描述	当前点值	当前变量值	点值上限	点值下限
1	P3	DISD	0.000000	0.000000	8.500000	0.000000
2	P5	DISF	0.000000	0.000000	10.000000	0.000000
3	HX1	DISB	0.000000	0.000000	100.000000	0.000000
4	HX2	FA-408	0.000000	0.000000	100.000000	0.000000
5	HX3	FA-414	0.000000	0.000000	100.000000	0.000000
6	TX3	DISD	25.000000	25.000000	100.000000	25.000000
7	TX27	DISB	25.000000	25.000000	200.000000	25.000000
8	TX10	FA-408	25.000000	25.000000	100.000000	0.000000
9	TX31	DISF	25.000000	25.000000	100.000000	0.000000
10	TI101	FA-408	25.000000	25.000000	100.000000	0.000000
11	TI102	BOTTOMS TEMPERATURE	25.000000	25.000000	200.000000	25.000000
12	TI103	FEED TEMPERATURE	25.000000	25.000000	100.000000	0.000000
13	TI104	REFLUX TEMPERATURE	25.000000	25.000000	100.000000	0.000000
14	TI105	OVERHEAD TEMPERATURE	25.000000	25.000000	100.000000	0.000000
15	FT101		0.000000	0.000000	28000.000000	0.000000
16	PT101	DISD	0.000000	0.000000	8.500000	0.000000
17	PT102	DISD	0.000000	0.000000	8.500000	0.000000
18	TT101	DISF	25.000000	25.000000	190.000000	25.000000
19	LT101	DISB	0.000000	0.000000	100.000000	0.000000
20	LT102	FA-414	0.000000	0.000000	100.000000	0.000000
21	LT103	FA-408	0.000000	0.000000	100.000000	0.000000
22	FT102	DISB	0.000000	0.000000	14698.000000	0.000000
23	FT103	DISD	0.000000	0.000000	13414.000000	0.000000
24	FT104	DISD	0.000000	0.000000	19000.000000	0.000000
25	XFC2	C2C3	0.227700	0.227700	100.000000	0.000000
26	XFC4	C4	0.233100	0.233100	100.000000	0.000000
27	XFC5	C5	0.181600	0.181600	100.000000	0.000000
28	XFC6	C6	0.170800	0.170800	100.000000	0.000000

图2-14　“变量监视”界面

② 仿真时钟设置。也称时标设置，即设置仿真程序运行的时标。选择该选项会弹出“时标设置”对话框，如图2–15所示。时标以百分制表示，默认为100%，选择不同的时标可加快或减慢系统运行的速度。系统运行的速度与时标成正比。

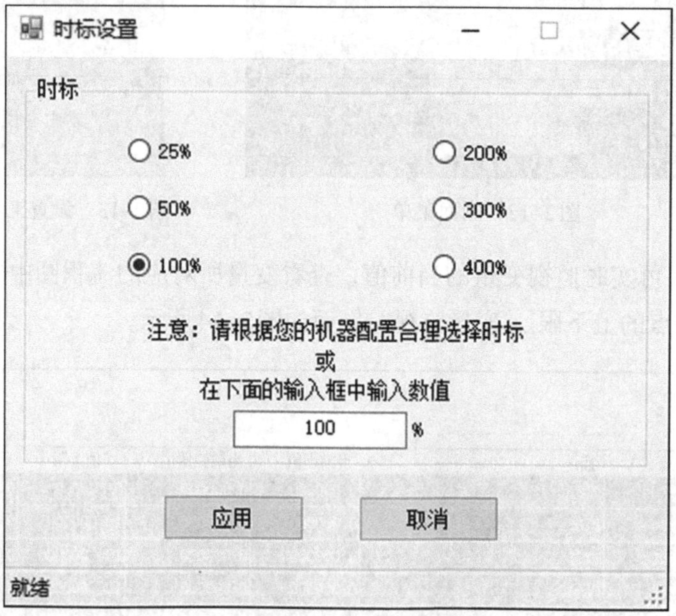

图2–15 “时标设置”对话框

（4）“帮助”菜单

帮助菜单包括操作手册、激活管理、关于三个选项，如图2–16所示。

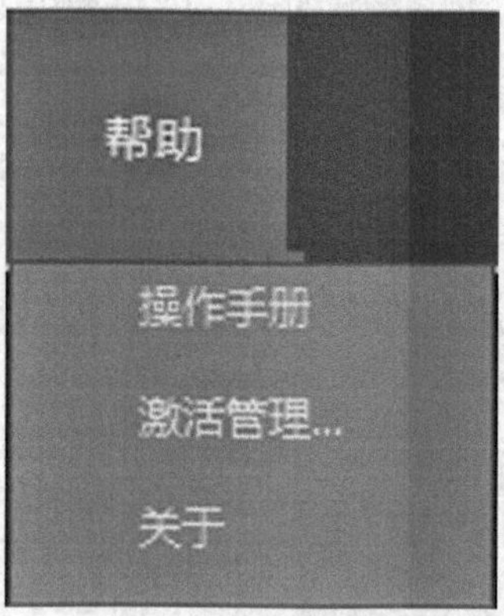

图2–16 帮助菜单

① 操作手册。打开仿真系统平台操作手册。

② 激活管理。查看产品的激活状态。

③ 关于。显示软件的版本信息、用户名称和激活信息。

另外，在菜单栏中还有一个图标，扫码此图标可查看攻略菜单（限通用DCS2020 风格）。

将鼠标光标放在窗口标题栏上的图标上，将弹出本任务工况对应的攻略二维码，用手机扫码后即可查看相关的操作攻略文档或视频，如图2-17所示。

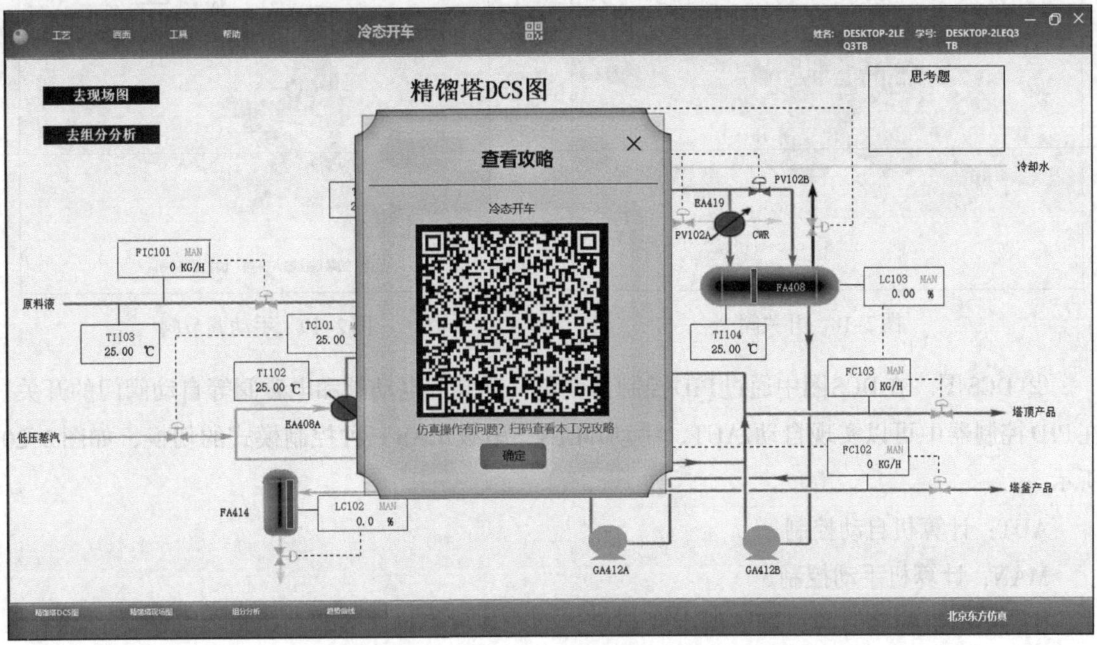

图2-17　扫码看攻略

2. 画面介绍

（1）流程图画面

流程图画面主要有DCS图和现场图两种。DCS 图的画面和工厂DCS控制室中的实际操作画面一致。在DCS图中将显示所有工艺参数，包括温度、压力、流量和液位，同时在DCS图中只能操作自控阀门，而不能操作手动阀门。现场图是仿真软件独有的，它是把在现场操作的设备虚拟在一张流程图上。在现场图中只可以操作手动阀门，而不能操作自控阀门。

流程图画面是主要的操作界面，包括流程图、显示区域和可操作区域。在流程图操作画面中，当鼠标光标移到可操作的区域上面时会变成一个手的形状，表示可以操作。

鼠标单击时会根据所操作的区域，弹出相应的对话框。如单击按钮去DCS图可以切换到DCS图，但是对于不同风格的操作系统，弹出的对话框也不完全相同。

① 现场图。现场图中的阀门主要有开关阀和手动调节阀两种，在阀门调节对话框的左上角标有阀门的位号和说明。

开关阀：此类阀门只有“开”和“关”两种状态。直接单击“打开”和“关闭”按钮即可实现阀门的开和关，如图2-18所示。

手动调节阀：此类阀门可以由手动输入0～100的数字来调节阀门的开度，即实现阀门开关大小的调节；或者单击“开大”和“关小”按钮以5%的进度进行调节，如图2-19所示。

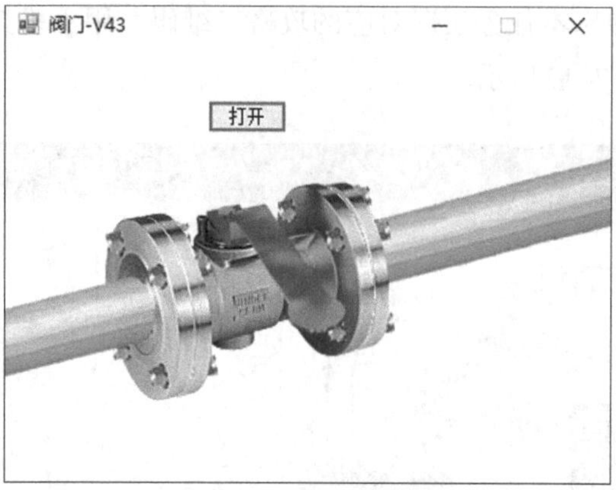

图2-18　开关阀

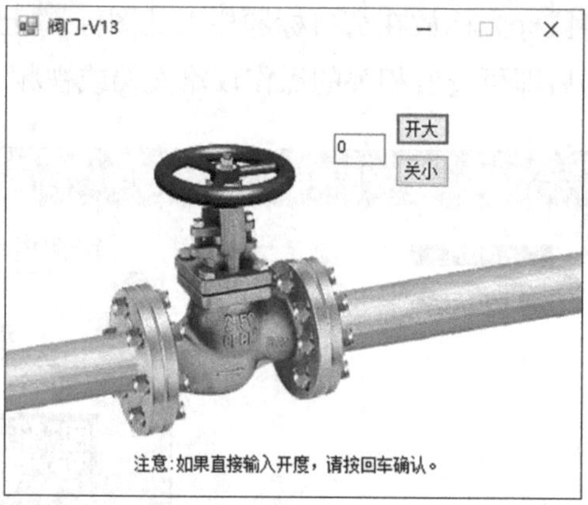

图2-19　手动调节阀

② DCS图。在DCS图中通过PID控制器调整气动阀、电动阀和电磁阀等自动阀门的开关。在PID控制器中可以实现自动/AUT、手动/MAN、串级/CAS三种控制模式的切换，如图2–20所示。

AUT：计算机自动控制。

MAN：计算机手动控制。

CAS：串级控制。两只调节器串联起来工作，其中一只调节器的输出作为另一只调节器的给定值。

PV值：实际测量值，由传感器测得。

SP值：设定值，计算机根据SP值和PV值之间的偏差，自动调节阀门的开度；在自动/AUT模式下可以调节此参数，调节方式同OP值。

OP值：计算机手动设定值，输入0～100的数据以调节阀门的开度；在手动MAN模式下调节此参数，如图2–21所示。

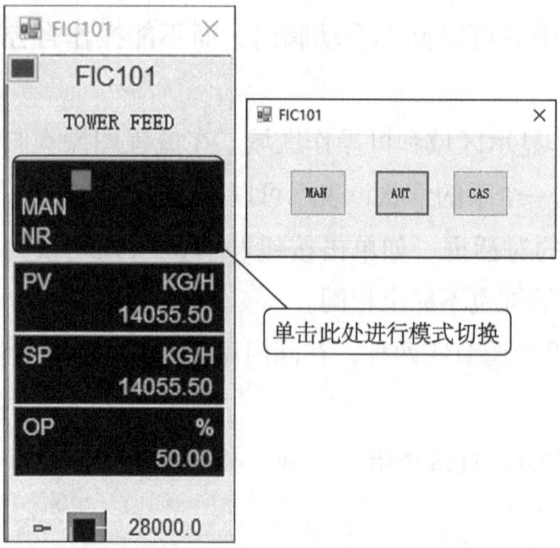

图2–20　切换模式

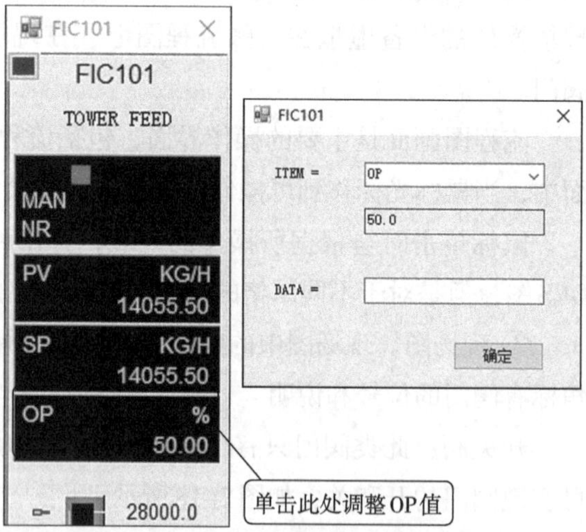

图2–21　OP值设定

（2）控制组画面

把各个控制点集中在一个画面，便于工艺控制。控制组画面包括流程中所有的控制仪表和显示仪表，如图2-22所示。

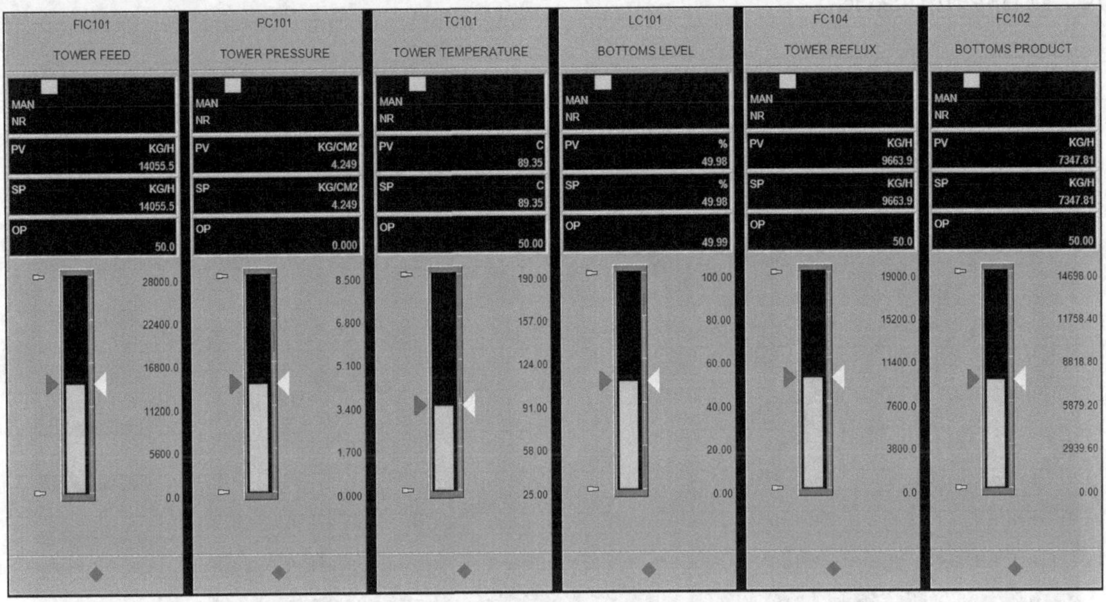

图2-22　DCS控制组画面

（3）报警画面

将出现报警的控制点集中在同一个界面。选择“报警”菜单中的“显示表报警列表”，将弹出报警列表窗口，如图2-23 所示。其中，报警的时间是指报警时计算机的当前时间；报警点名为报警点所在流程中的工位号；报警点描述是对报警点工位号物理意义的描述；报警的级别则是根据工艺指标的当前值接近其上下限的程度来划定，分为高高报（HH）、高报（HI）、低报（LO）、低低报（LL）四级；报警值是指发生报警时工艺指标的当前值。一般情况下，在冷态开车过程中容易出现低报，此时可以不予理睬。

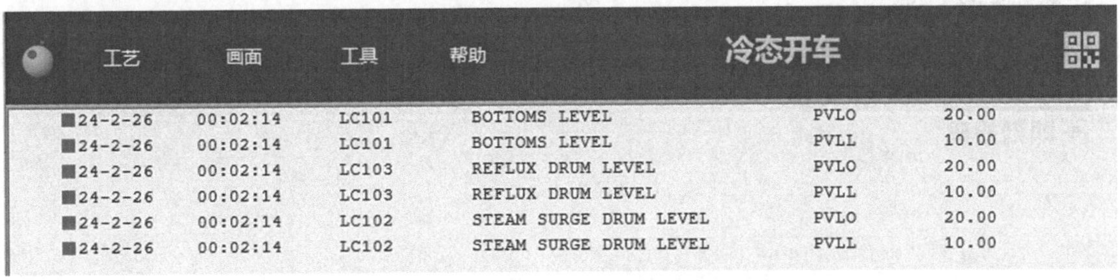

图2-23　报警列表

（4）趋势图画面

趋势图画面用于保存各个工艺控制点的历史数据。在“趋势”菜单中选择某一菜单项，会弹出如图2–24所示的趋势图，该画面一共可同时显示8个点的当前值和历史趋势。在趋势图画面中可以用鼠标单击相应的变量位号，查看该变量的趋势曲线，同时有一个绿色箭头进行指示；也可以通过上部的快捷图标栏调节横、纵坐标的比例；还可以用鼠标拖动白色的标尺，查看详细历史数据。

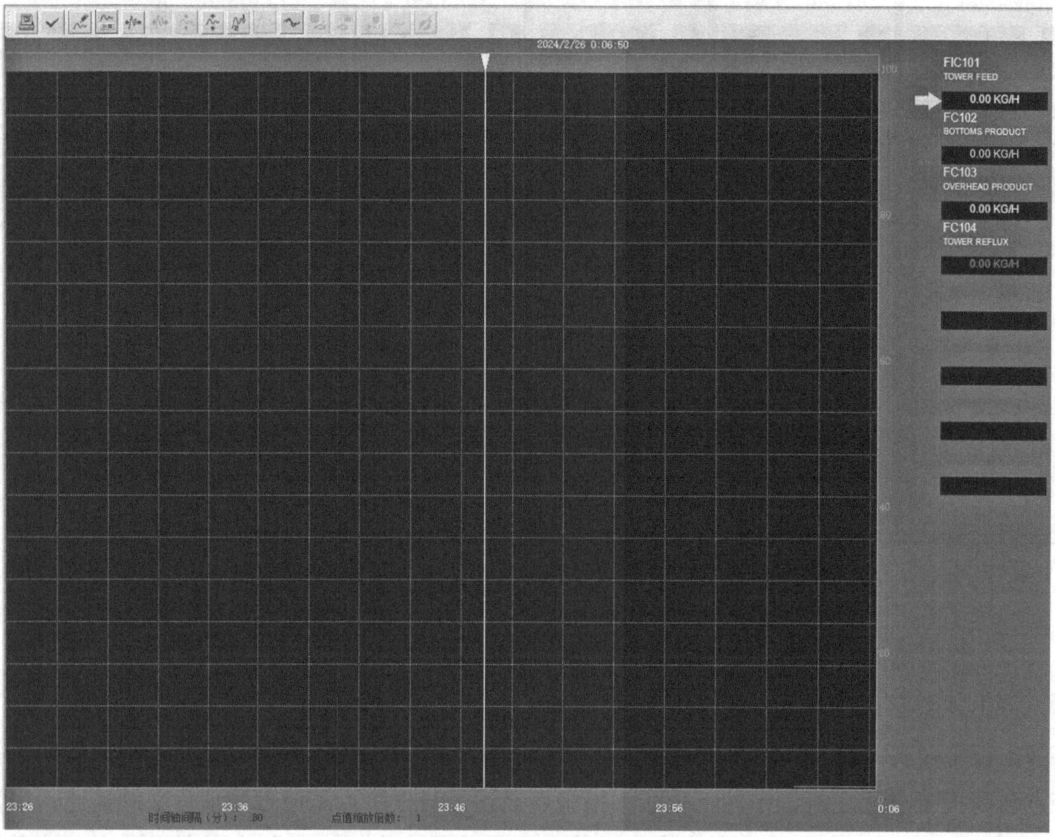

图2–24　趋势图画面

◎AI学习助手
◎配套资料
◎云端课堂
◎课后交流
即刻扫码

任务4　操作质量评分系统的使用

启动软件系统进入操作平台，同时也就启动了操作质量评分系统，如图2–25所示。

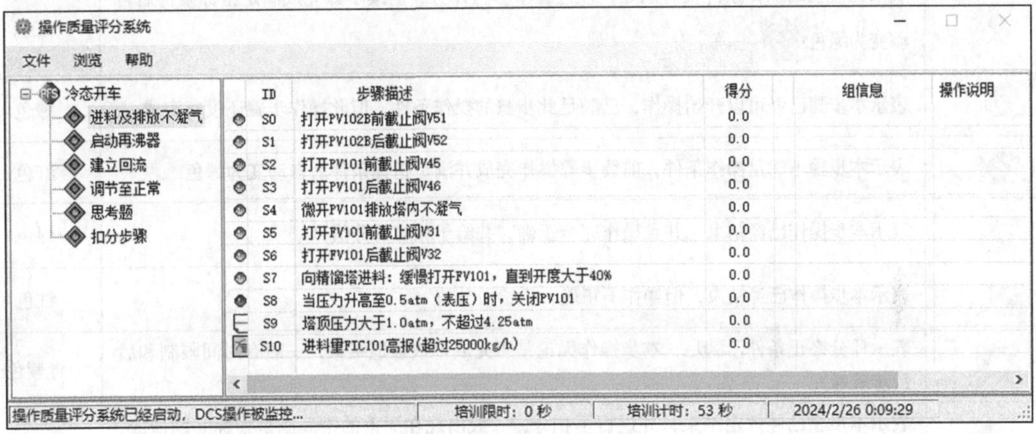

图2–25　评分系统界面

操作质量评分系统是智能操作指导、诊断、评测软件，它通过对用户的操作过程进行跟踪，在线为用户提供下列各种功能。

一、操作状态指示

操作状态指示功能实现的是对当前操作步骤和操作质量所进行的状态以不同的图标表示出来，如图2–26所示。

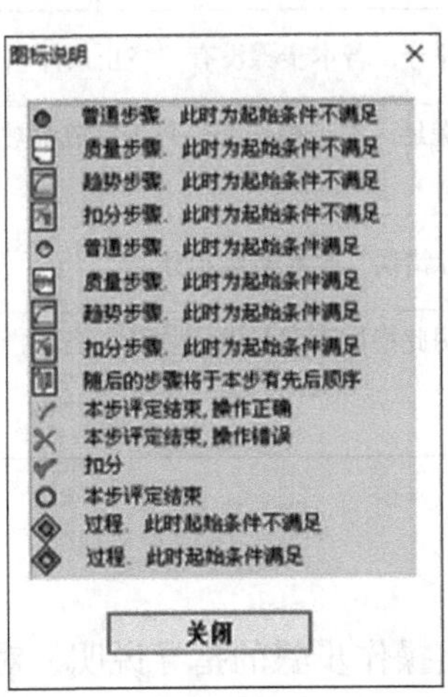

图2–26　评分系统的图标说明

在操作质量评分系统中，系统对当前对象的操作步骤、操作质量采用不同的颜色和图标表示。

操作步骤状态图标及提示如表2–1所示。

表2–1　操作步骤状态图标及提示

图标	说明	备注
	表示此过程的操作条件满足，可以对过程中的步骤进行操作并评分	绿色
	表示此过程的操作条件没有满足，该过程不参与评分，前续步骤完成满足指标条件后自动变为绿色	红色
	表示本步骤已经可以开始操作，已满足此步骤的操作条件，但此操作步骤还没有完成	绿色
	表示本步骤不满足操作条件，前续步骤操作完成并满足指标条件后自动变为绿色	红色
	表示本步操作已经结束，并且操作完全正确，并给予相应的分值	绿色
	表示本步操作已经结束，但操作不正确，不给予分值	红色
	表示评分终止条件已满足，本步操作无论是否完成都被强迫结束，一般有时间限制和后续步骤触发	青紫色
	表示本步骤已经评定结束，并进行了扣分，一般出现在严重的错误或是指标问题造成，给予负分值	红色
	表示此步骤有先后顺序，必须按照顺序进行，否则会出现错误，不给予分值	

操作质量图标及提示如表2–2所示。

表2–2　操作质量图标及提示

图标	说明	备注
	表示这条质量指标还没有开始评判，即起始条件未满足	红色
	表示本步骤已经开始参与评分，若本步骤没有“终止条件”，则会一直处于评分状态	红色
	表示质量评分终止条件已满足，本步操作无论是否完成都被强迫结束，一般有时间限制和后续步骤触发	青紫色
	表示起始条件满足，此指标错误，容易造成扣分	蓝色
	表示扣分条件不满足，说明此指标不容易造成扣分，当此指标接近扣分要求时，图标自动变为（蓝色）	红色

二、操作方法指导

操作方法指导功能是在线给出操作步骤的指导说明，对操作步骤的具体实现步骤进行具体的描述，如图2–27所示。

图2-27 操作步骤说明

当鼠标光标移到质量步骤一栏时，所在栏就变蓝，此时双击鼠标便会弹出操作所需要的详细操作质量信息对话框——“质量步骤属性”对话框，如图2-28所示。通过该对话框能查看该质量指标的运行情况、质量指标的目标值、上下允许范围、上下评定范围等。

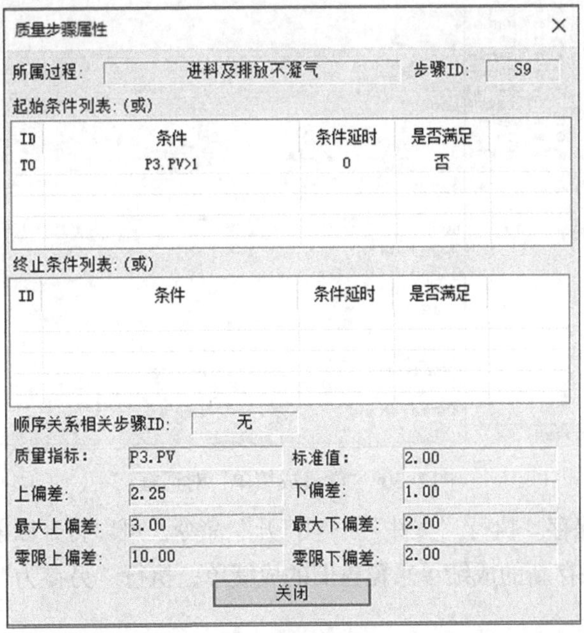

图2-28 “质量步骤属性”对话框

三、操作诊断与评定

操作诊断与评定功能是通过对操作过程的实时跟踪检查、诊断和成绩评定，将操作得分情况、错误的操作过程或操作动作一一加以说明，提醒学员对这些错误操作查找原因并及时纠正，以便在今后的训练中进行改正及重点训练。操作诊断结果显示界面如图2-29所示。

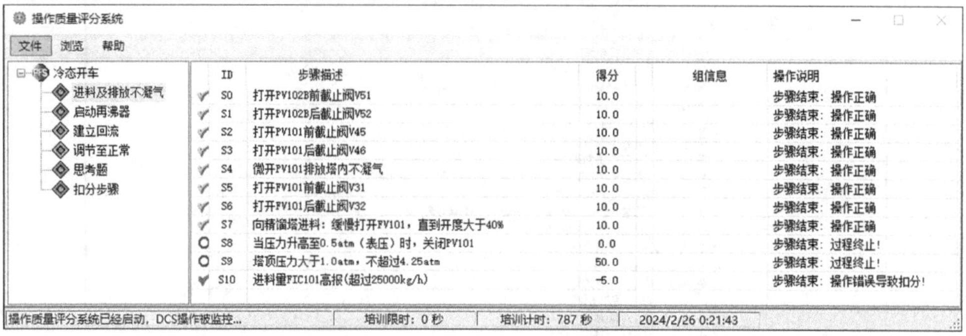

图2-29　操作诊断结果显示界面

四、其他辅助功能

操作质量评分系统除了以上功能外，还具有其他的一些辅助功能。

① 生成学员成绩单。单击“浏览”菜单中的“成绩”，就会弹出如图2-30所示的“学员成绩单”对话框，从中可以生成学员成绩列表。通过学员成绩单可以浏览学员资料、操作单元、学员的总成绩、各项分步成绩、操作步骤得分和详细说明。学员成绩单既可以保存也可以打印。

图2-30　“学员成绩单”对话框

② 成绩单读取和保存。执行“文件”→“打开”命令，可以打开以前保存过的成绩单，执行“保存”命令可以保存新的成绩单来覆盖旧的成绩单，执行“另存为”命令则不会覆盖原来保存过的成绩单。

③ 退出系统。执行“文件”→“系统退出”命令，退出操作质量评分系统。

任务5　仿真实习教学系统教师站的使用

教师站和学员站的连接使用TCP/IP协议，当教师站启动时，在局域网中广播自己的位置及其他设定的信息。学员站根据这些信息连接教师站。

一、启动教师站软件

教师站软件安装完毕后，将自动在桌面和“开始菜单”生成快捷图标。启动教师站的方式有两种：一种是直接双击桌面快捷图标启动教师站软件；另一种是执行“开始”→“所有程序”→“东方仿真”→“教师站”命令启动软件。

教师站启动之后，进入“教室选择”界面，如图2–31所示。选择进入“自由训练培训室”，单击“确定”按钮，进入如图2–32所示的界面，教师站的上部为功能菜单和快捷图标栏，左侧为教师站所组建的多个培训室，右侧为各个培训室的详细信息，左下部为教师站和相关培训室的基本信息，右下部显示学员站的连接信息。

图2–31　教室的选择

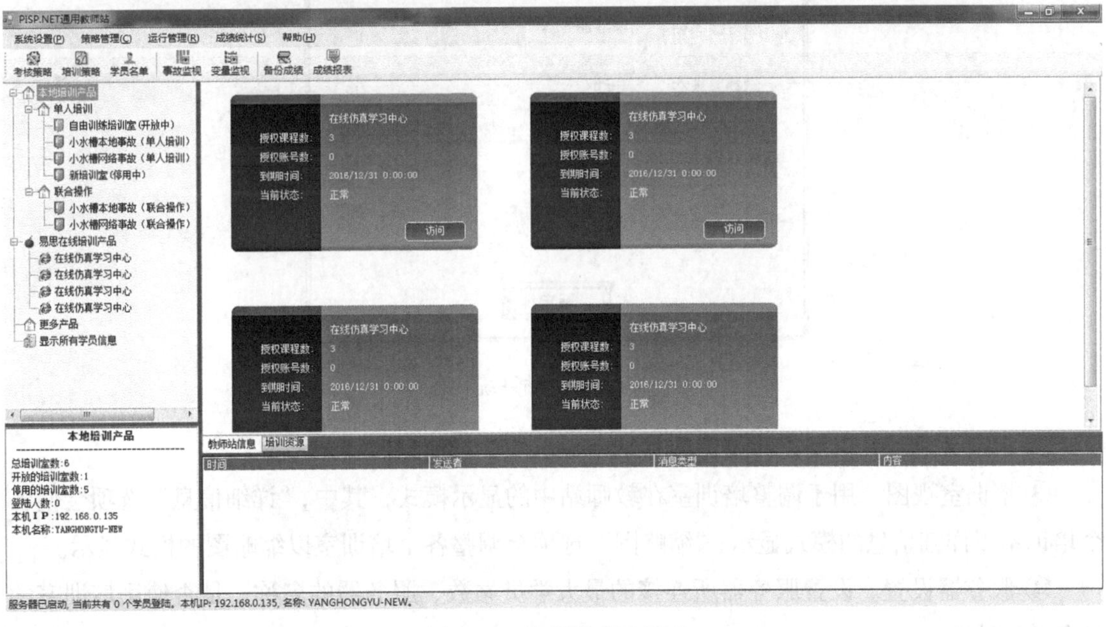

图2–32　教师站登录界面

二、教师站的功能

1. 功能菜单

教师站的功能菜单包括系统设置、策略管理、运行管理、成绩统计和帮助五个功能菜单。

（1）系统设置

用鼠标左键单击“系统设置”菜单，会出现如图2–33所示的下拉菜单，下拉菜单中包括系统状态、自定义显示、培训室视图、服务器设置和退出五个功能菜单。

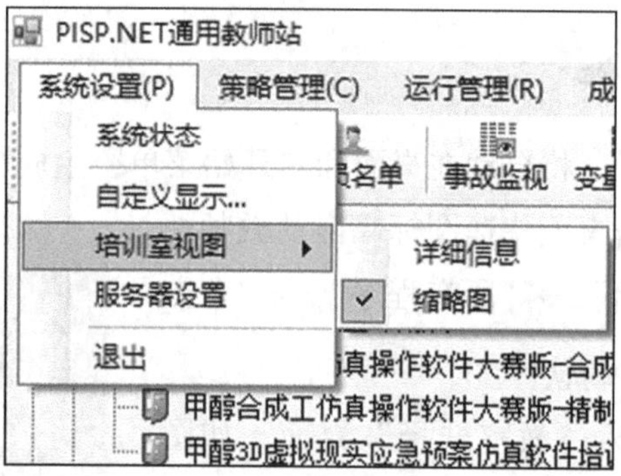

图2–33　系统设置

① 系统状态。显示系统的相关信息，包括培训规模和实际连接的学员站台数，如图2–34所示。

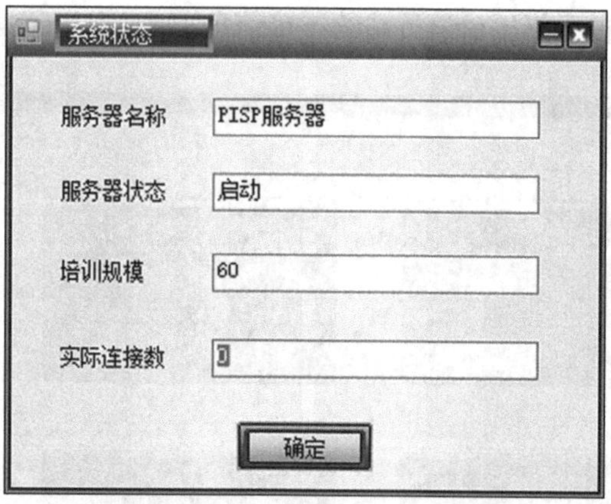

图2–34　教师站系统状态

② 自定义显示。根据需要设置教师站中显示的学员信息。

③ 培训室视图。用于调整培训室在教师站中的显示模式，其中，“详细信息”选项会使各个培训室以详细信息的模式显示；“缩略图”选项会调整各个培训室以缩略图的模式显示。

④ 服务器设置。设置服务器所连接的最大学员站数、服务器的名称、是否使用培训室学员名单等功能。

⑤ 退出。退出教师站程序。

（2）策略管理

策略管理菜单包括考试策略、培训策略、权限策略、事故管理和思考题管理五个功能按钮，如图2-35所示。

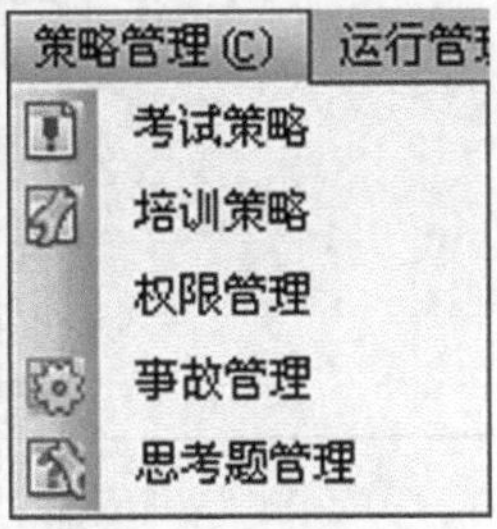

图2-35　管理策略

① 考试策略。教师用于编辑修改和组建考试试卷。

② 培训策略。教师用于编辑修改和组建培训方案。

③ 权限管理。用于设置开卷考核、闭卷考核、自由培训、联合操作等培训模式的权限，如图2-36所示。

- 开卷考核：可以调整开放评分系统，屏蔽时标调整、DCS类型选择等项，但不可以调整工艺和培训项目。
- 闭卷考核：可以调整屏蔽评分系统、时标调整、DCS类型选择等项，但不可以调整工艺和培训项目。
- 自由培训：开放软件所有功能，学员按照教师要求练习仿真软件。
- 联合操作：设置多人分组操作同一个仿真软件。

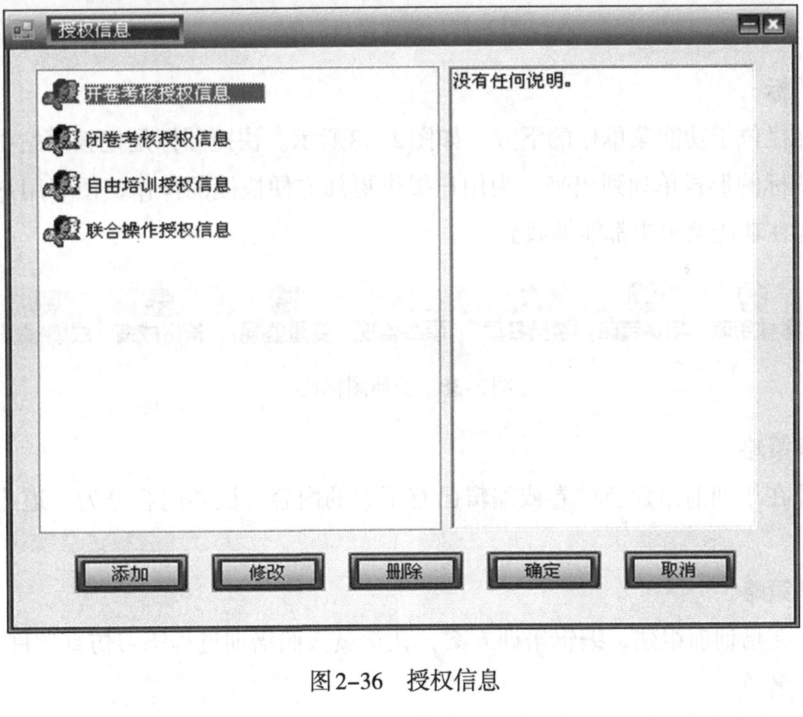

图2-36　授权信息

单击图2-36中的“修改”按钮可以修改已有权限策略（注：某些权限设置对特定的培训模式不起作用），如图2-37所示。

④ 事故管理。用于添加、修改各种事故，改变事故作用的时间，改变处理事故的难易程度。

⑤ 思考题管理。用于添加、编辑、修改思考题。

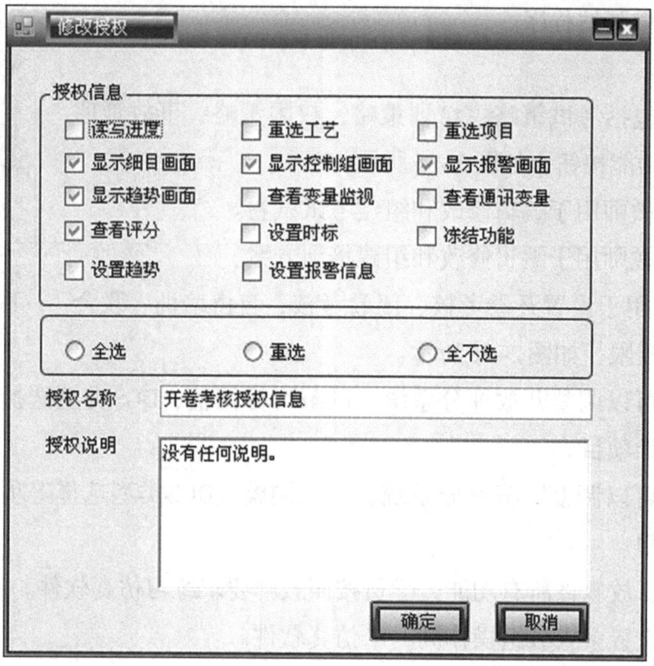

图2-37　修改授权信息

2. 快捷图标

快捷图标栏位于功能菜单栏的下方，如图2-38所示。快捷图标是把教师站中经常使用的功能以快捷图标的形式单独列出来，为用户提供更加方便快捷的操作，便于用户操作教师站软件，其功能在功能菜单中都能够找到。

图2-38　快捷图标栏

（1）考核策略

用于教师在培训前组建新试卷或编辑已有试卷的内容。试卷内容分为一道或者多道工艺题和思考题。

（2）培训策略

用于教师在培训前组建、编辑培训方案，让学员按照培训过程练习仿真软件工艺内容。

（3）学员名单

用于教师在培训前设置服务器所连接的最大学员站数、服务器的名称、是否使用培训室学员名单等功能。

（4）事故监视

用于培训过程中查看教师站下发给某个学员的临时事故的名称、时间和数量，如图2-39所示。

ID	站号	事故名称	仿真时间	真实时间	试题名称	工艺工况
1	3	24-压力PIC7007...	65	2024/4/11 11:04:04	甲醇精制正常工况	甲醇合成工仿真操作...
2	3	02-流量VA7001...	138	2024/4/11 11:05:17	甲醇精制正常工况	甲醇合成工仿真操作...
3	3	23-流量FIC7031...	171	2024/4/11 11:05:50	甲醇精制正常工况	甲醇合成工仿真操作...
4	3	07-流量VA7008...	242	2024/4/11 11:07:01	甲醇精制正常工况	甲醇合成工仿真操作...
5	3	14-泵703A短时...	326	2024/4/11 11:08:25	甲醇精制正常工况	甲醇合成工仿真操作...
6	3	22-流量FIC7014...	449	2024/4/11 11:10:28	甲醇精制正常工况	甲醇合成工仿真操作...
7	3	08-压力PIC7003	516	2024/4/11 11:11:35	甲醇精制正常工况	甲醇合成工仿真操作...
8	3	09-流量FIC7004...	527	2024/4/11 11:11:46	甲醇精制正常工况	甲醇合成工仿真操作...
9	3	01-温度TIC7001...	620	2024/4/11 11:13:19	甲醇精制正常工况	甲醇合成工仿真操作...
10	3	06-流量VA7006...	685	2024/4/11 11:14:24	甲醇精制正常工况	甲醇合成工仿真操作...
11	3	19-流量VA7018...	789	2024/4/11 11:16:08	甲醇精制正常工况	甲醇合成工仿真操作...
12	3	27-流量FIC7035...	835	2024/4/11 11:16:54	甲醇精制正常工况	甲醇合成工仿真操作...
13	3	11-流量FIC7005...	960	2024/4/11 11:18:59	甲醇精制正常工况	甲醇合成工仿真操作...
14	3	29-流量FIC7034...	1018	2024/4/11 11:19:57	甲醇精制正常工况	甲醇合成工仿真操作...
15	3	12-流量FIC7002...	1057	2024/4/11 11:20:36	甲醇精制正常工况	甲醇合成工仿真操作...

图2-39　事故日志

（5）变量监视

用于在培训过程中教师实时查看学员操作的工艺指标，监视学生的操作，如图2-40所示。

ID	点名	描述	当前点值	当前变量值	点值上限
1	FI101	T-101 FEED	5.391177	5.399910	10.000000
2	FI102	E-101 FEED	5.643541	5.645072	10.000000
3	FI103	T-101 REFLUX	0.000000	0.000000	20.000000
4	FI104	T-101 BOTTO...	6.972379	6.932700	20.000000
5	FI105	T-102 FEED	6.972379	6.932700	20.000000
6	FI106	T-102 REFLUX	0.000000	0.000000	20.000000
7	FI107	T-102 TO D-101 FLOW	88665	13.783978	100.000000
8	FI108	E-105 SL FLOW	0.000000	0.000000	10.000000
9	TI101	T-101 TOP T...	42.000000	42.000000	50.000000
10	TI102	T-101 BOTTO...	40.540127	40.536510	50.000000
11	TI103	E-102 TO D-...	20.000000	63.072369	20.000000

图2-40　变量监视

（6）备份成绩

教师用于备份培训或考核时学员的成绩。

（7）成绩报表

教师用于生成成绩报表。

三、教师站的设置和策略管理

1. 教师站的设置

执行“系统设置”→“服务器设置”命令，在打开的界面（图2-41）中可以设置教师站的名称、所能连接的最大学员站数，选取培训室使用学员名单功能复选框（注：如果培训室使用了学员名单功能，并且教师在培训前为某个培训室导入了学员名单，那么在培训过程中，学员连接/登录教师站后将被自动分配进入该培训室，而不需要学员手动选择进入某个培训室）。单击“完成”按钮，重启教师站后该设置生效。

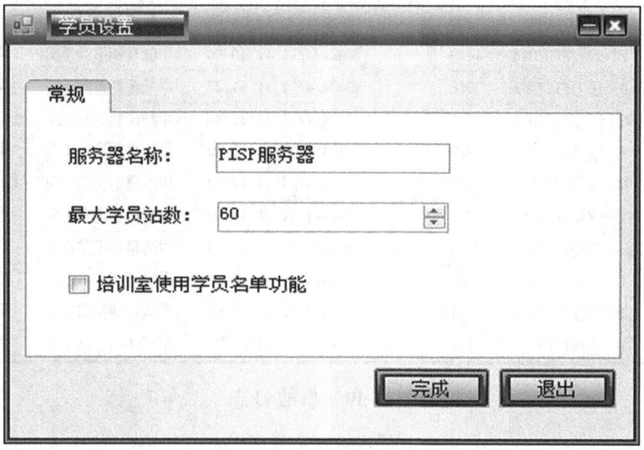

图2–41　服务器设置

执行“系统设置”→“自定义显示”命令，在打开的“自定义显示”对话框（图2–42）中可以设置在教师站中显示的学员信息项目。选中要显示的项目前的复选框，单击“完成”按钮即可。其中，“分组信息”的含义是：培训前，教师导入培训室的学员名单中为联合操作小组所指定的名称。

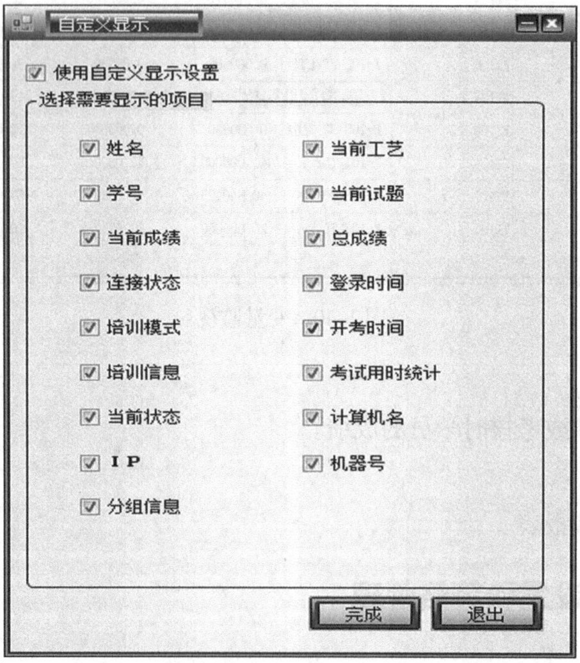

图2–42　自定义显示

2. 教师站的策略管理

教师站和学员站间的连接控制模式分为培训模式、考核模式、联合操作模式及自由练习模式四种模式。

教师站下发的培训项目或试题是分别执行“策略管理”→“培训策略”和“策略管理”→“考试策略”命令完成的。随机事故是执行“策略管理”→“事故管理”命令完成的。

（1）编辑培训方案

培训方案中只能包括组建仿真软件工艺的内容，其中可以选择培训内容（如开车、停车、事故处理等项目），设置时标、设置DCS类型等。

执行“策略管理”→“培训策略”命令，在打开的“编辑培训方案”界面中（图2-43）选中一个“培训方案”并右键单击，在打开的菜单中选择“添加培训方案”→“添加培训题”选项，在弹出的“编辑培训题”对话框（图2-44）中可进行培训工艺、培训项目、时标、DCS类型等项目的设置。

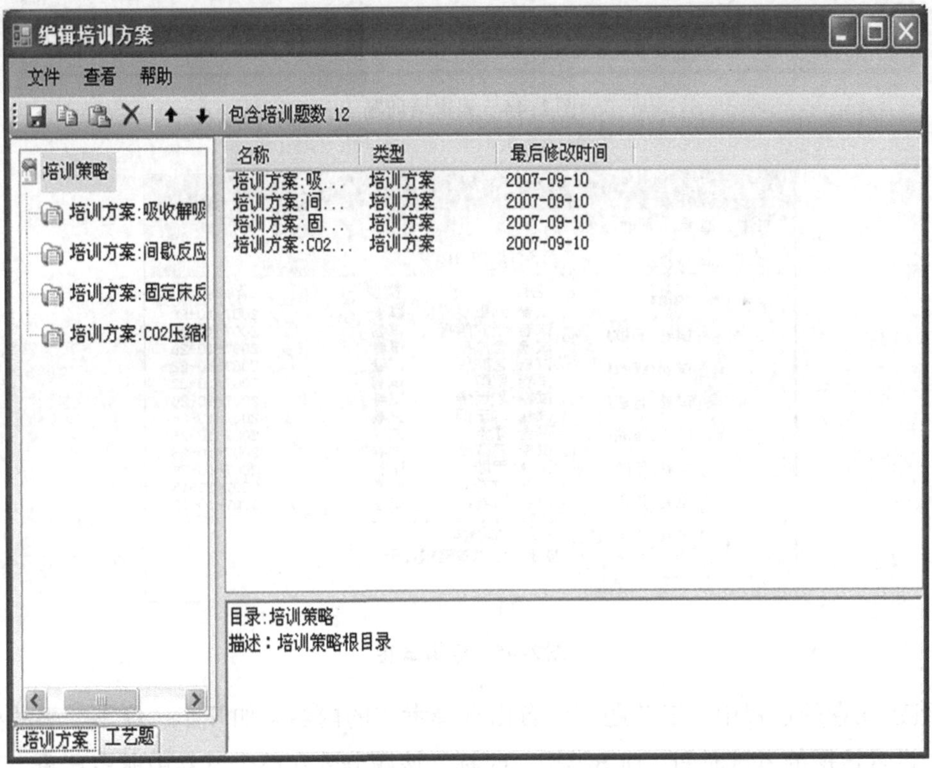

图2-43 编辑培训方案

（2）编辑考试方案

执行“策略管理”→“考核策略”命令，进入“编辑试卷”界面，左下方为“试卷”“思考题”“工艺题”切换按钮，如图2-45所示。

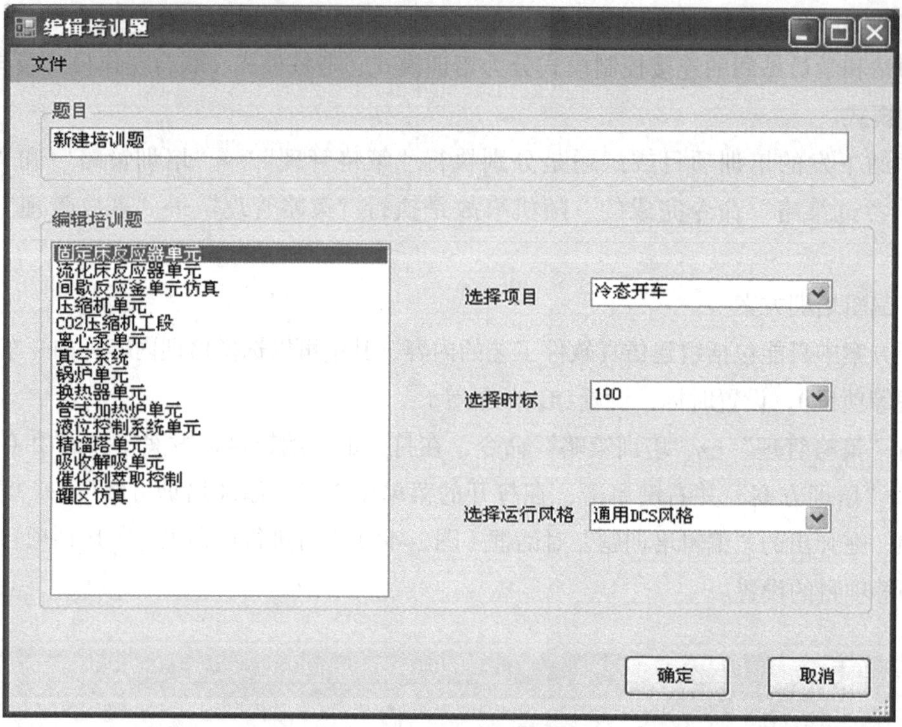

图2-44　编辑培训题

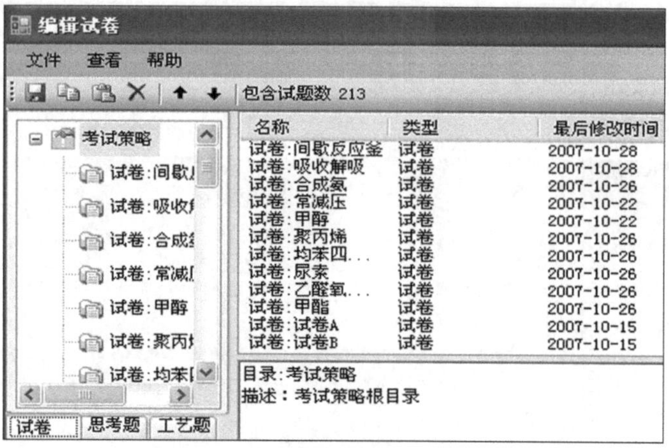

图2-45　编辑试卷

在组建试卷的过程中，工艺题可以自由选择考核的内容（如开车、停车、事故处理等项目），设置该题的考试时间、DCS类型、时标、该题分数在整个试卷中所占比重、事故配置等。设置时，选中一个“考试策略”右击，在打开的菜单中选择“添加试卷”→“添加试题”选项，在弹出的“编辑试题”对话框（图2-46）中可对培训工艺、培训项目、运行时标、DCS类型、本题完成时间、本题在试卷中所占比重、事故配置（分本地事故、网络事故）等项进行设置。

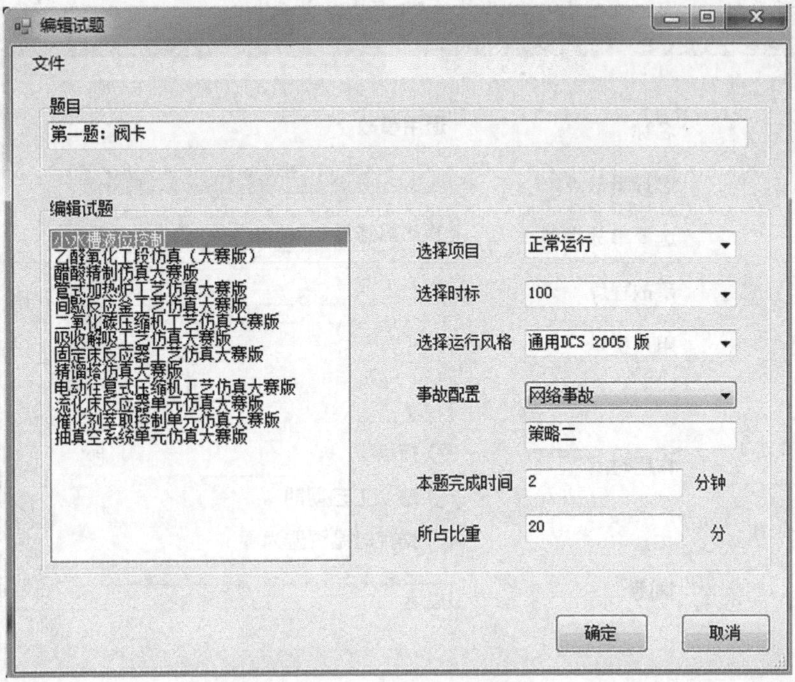

图2-46　编辑试题

（3）编辑事故

执行“策略管理”→“事故管理”命令，进入“事故编辑”界面。单击每一单元前的“+”，可以展开该单元，选择该单元的事故类型，如图2-47所示。在其中一个事故类型上单击鼠标右键，在打开的菜单中选择“添加事故”选项，会弹出如图2-48所示的对话框。设置完成后，单击“确定”按钮即可。

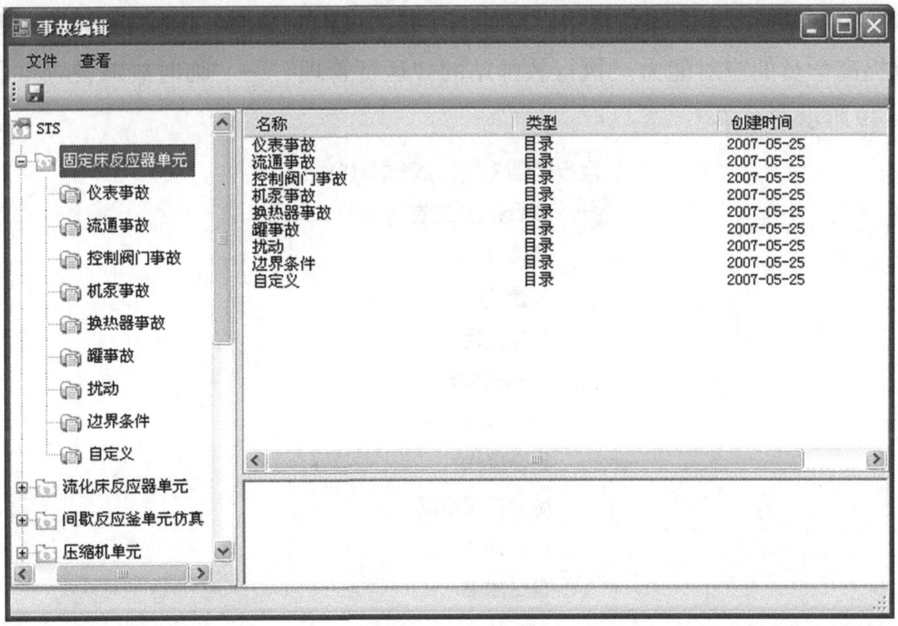

图2-47　事故编辑

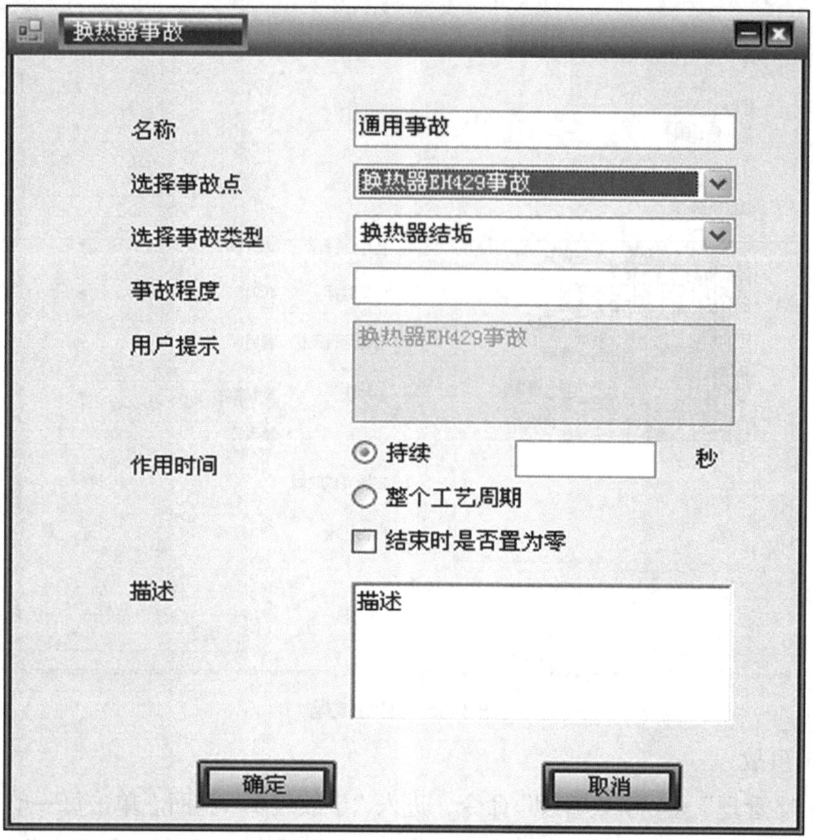

图2-48　事故编辑内容对话框

（4）临时下发事故

可以通过临时下发事故操作提升学生分析问题、解决问题的能力。

① 设置临时事故。该类事故可以在培训或考核的过程中对单个或者多个学员下发，实施干扰，以提高学员的应对能力。执行教师站的“运行管理”→“临时故障设置”命令，打开如图2-49所示的菜单。

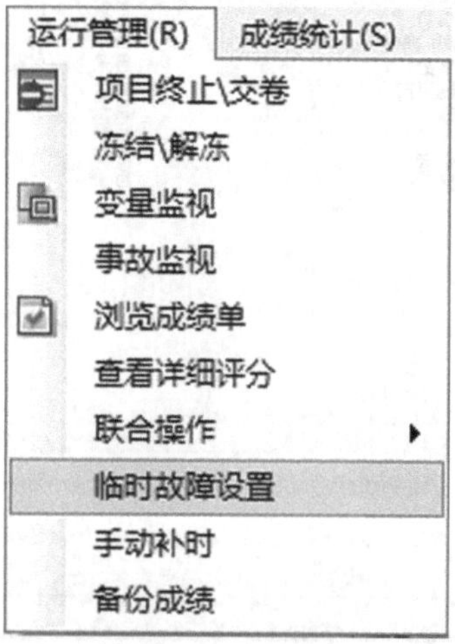

图2-49　临时故障设置

选择“临时故障设置”选项，弹出“培训事故设置”对话框，如图2–50所示，选择所考核的工艺，然后再选择需要发送的事故，单击“添加”按钮，将其添加到右边的事故列表框中。

选择事故后，单击“下一步”按钮，弹出“选择学员”对话框，如图2–51所示，从中可以选择单个或者多个学员。选择学员后，单击“完成”按钮即可下发事故。

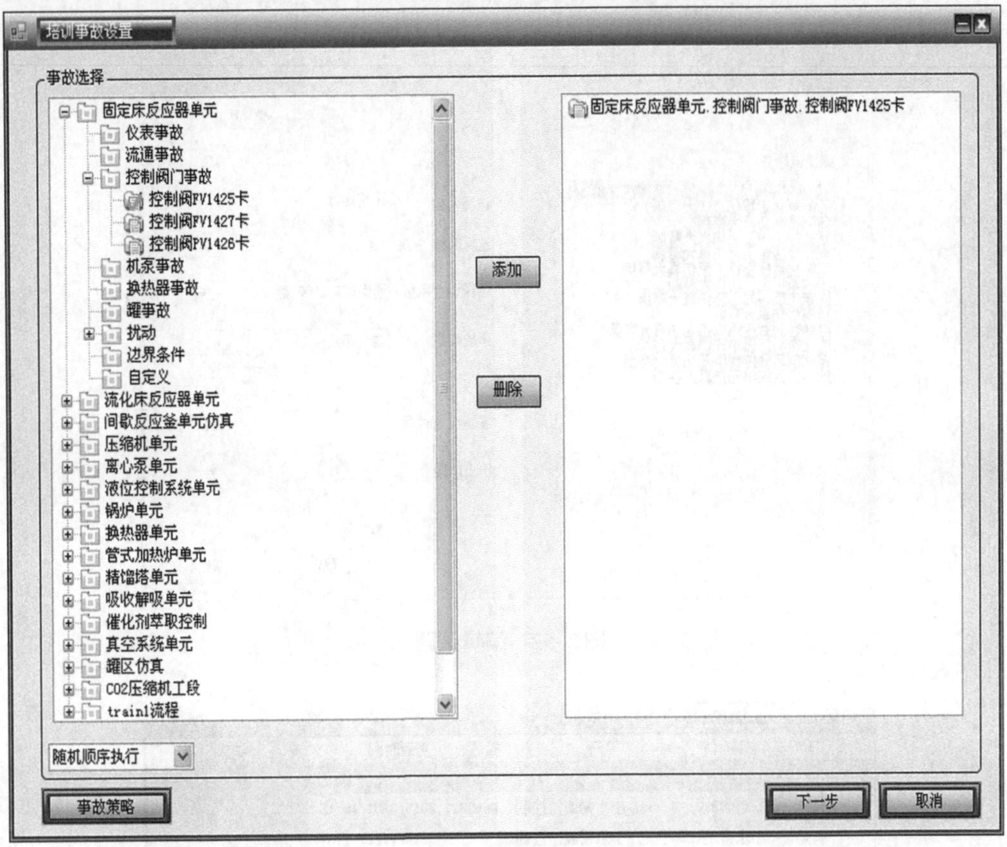

图2–50　培训事故设置

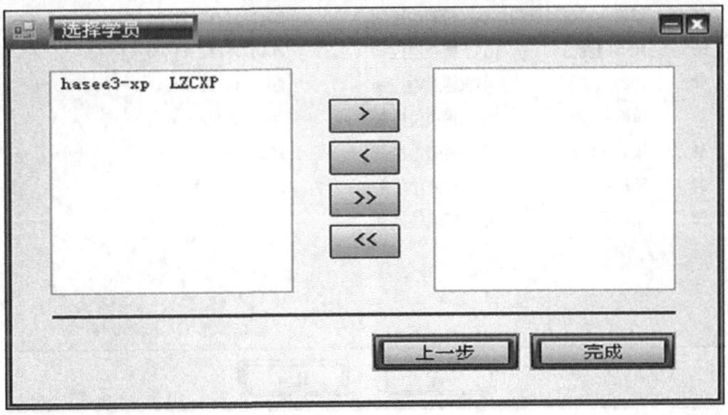

图2–51　选择学员

② 设置正常工况随机事故。正常工况随机事故题目是指在规定的时间内，教师站根据编辑好的事故类型，随机下发一定个数的事故（时间和顺序都是随机的），学员可以采用多种

办法（如调整阀门等）维持工艺参数的稳定。这种事故考验学生对工艺的理解和对随机事故处理的应变能力。具体设置时，可以通过“编辑试题”界面，添加正常工况维持题目，完成相关事故配置（如可选择本地事故、网络事故等），如图2–52和图2–53所示。

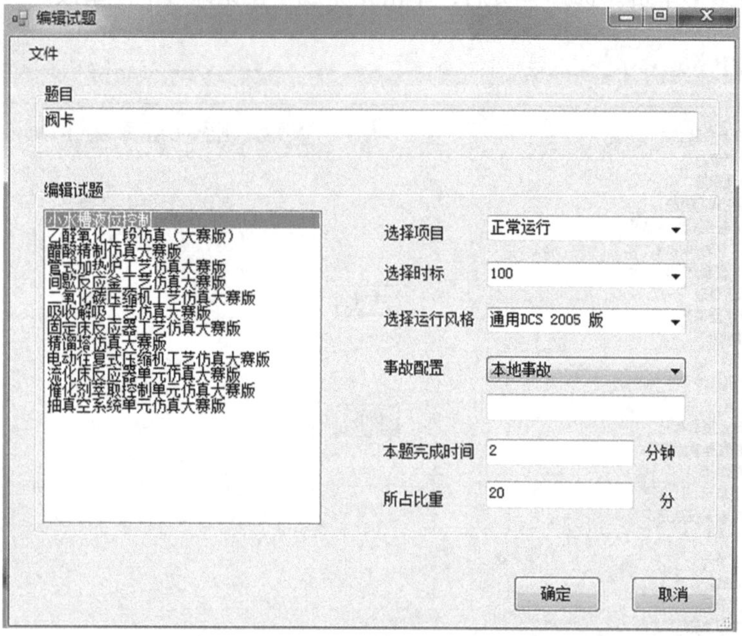

图2–52　编辑试题

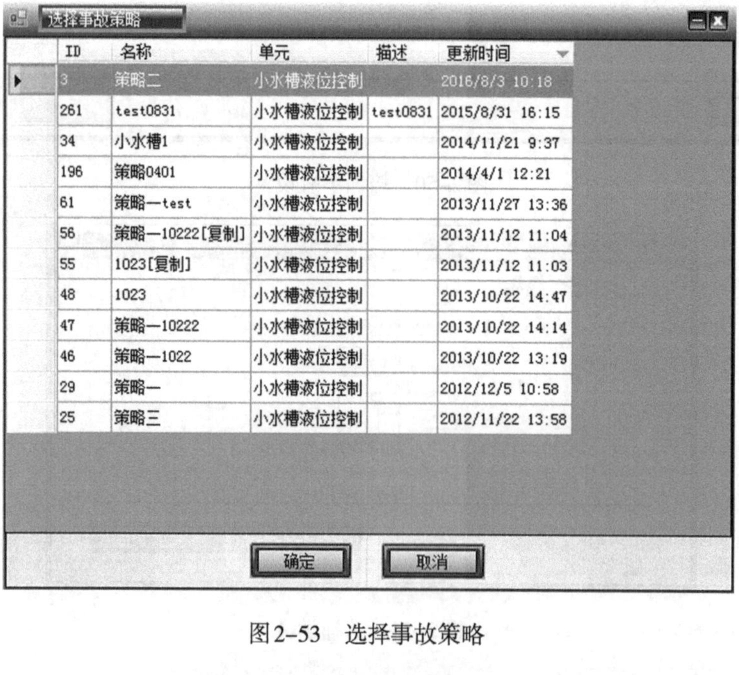

图2–53　选择事故策略

提示：如果教师站软件所在的计算机没有连接互联网，则无法获取网络事故策略，此时“选择事故策略”对话框中的内容为空。

（5）编辑思考题

执行“策略管理”→“思考题策略”命令，弹出“思考题题库编辑”界面，如图2–54所示。

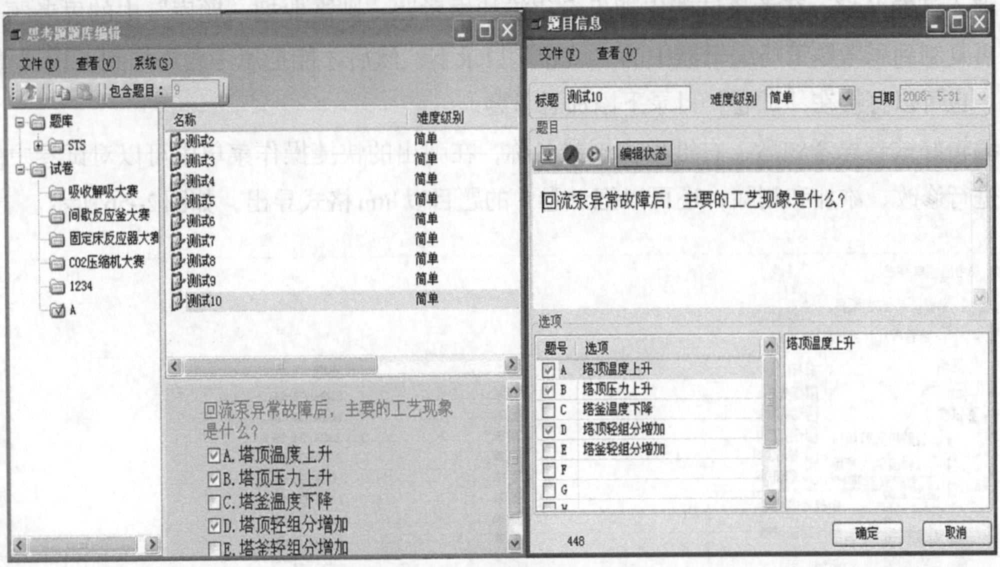

图2–54　思考题题库编辑

① 题库编辑。右击“题库”，在打开的菜单中选择“添加题目”选项，弹出“题目信息”对话框（图2–55），输入标题、题干、选项，同时在正确的答案前面打勾。思考题题型可以是单选题，也可以是多选题。编辑完毕，单击“确定”按钮保存题目。

图2–55　添加题目

题目内容可以插入图片、音乐、Flash和AVI动画，可以采用多媒体的形式展现思考题。

② 试卷编辑。右击“试卷”，在打开的菜单中选择“添加试卷”选项，在弹出的对话框中可填入试卷名称。在考核试卷中如果希望添加思考题，则需要把“题库”中的思考题先粘贴，再复制到思考题策略编辑器中的“试卷”目录下，然后才能把思考题添加到考核试卷中。当然，也可以直接在“试卷”目录下添加思考题。

编辑好试卷思考题后，右键单击试卷名称，在弹出的快捷操作菜单中可以对试卷中的思考题进行修改、添加和删除，还可以把试卷中的题目以htm格式导出，如图2-56所示。

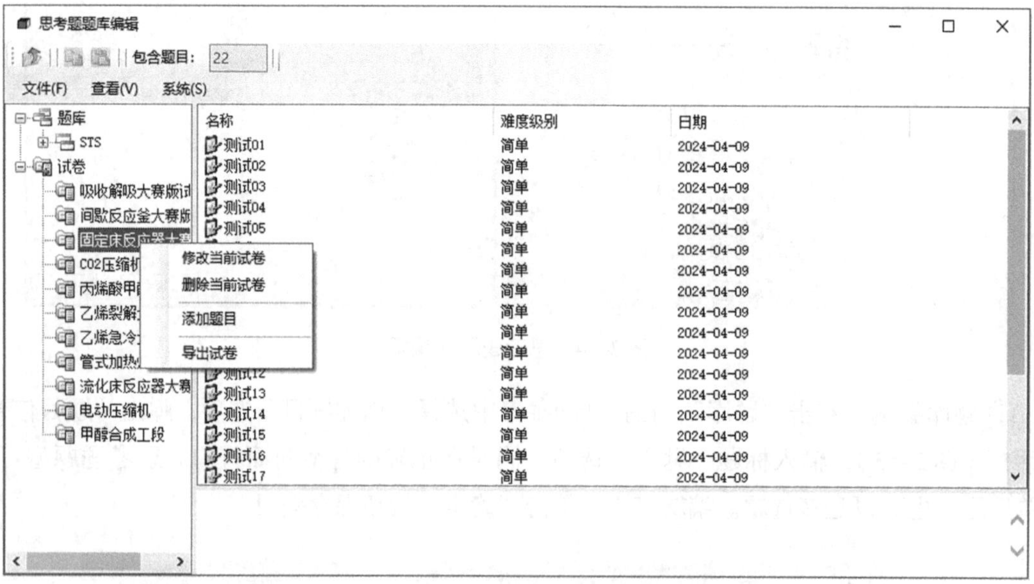

图2-56　导出试卷

【学习诊断】

思考题

1. 什么是虚拟仿真技术？虚拟仿真技术有哪些特点？
2. 化工仿真实习系统目前有哪几种形式？各有什么特点？
3. 化工仿真实习系统的基本操作要点有哪些，如何正确理解？
4. 学员站的主界面菜单可完成哪些操作？
5. 对阀门的操作状态，应如何实现从手动到自动的切换？
6. 对操作过程进行实时跟踪检查的画面是什么画面？
7. 操作质量评分系统有哪些功能？
8. 教师站可实施哪些策略管理？

项目三　单塔精馏虚拟仿真操作实训

学习目标

知识目标

- 了解单塔精馏单元带控制点的工艺流程。
- 掌握单塔精馏塔单元的开车、停车及正常操作技术。
- 掌握串级回路调节和分程控制调节。
- 掌握单塔精馏过程中常见事故的处理方法。

能力目标

- 能够独立进行单塔精馏的冷态开车、正常停车、正常操作。
- 了解单塔精馏过程的控制系统，能熟练使用调节器，能将工艺参数调整到正常指标范围内。
- 能够判断工艺、设备、仪表等的工作状态是否正常，并能熟练调节。
- 对于该单元中出现的一些故障能尽快分析原因，掌握故障处理操作。

一、虚拟仿真工艺流程

1. 工艺流程说明

本单元介绍的是一种加压精馏操作，原料液为脱丙烷塔塔釜的混合液，分离后馏出液为高纯度的C_4产品，残液主要是C_5以上组分。

流程是利用精馏方法，在脱丁烷塔中将丁烷从脱丙烷塔釜混合物中分离出来。精馏是将液体混合物部分汽化，利用其中各组分相对挥发度的不同，通过液相和气相间的质量传递来实现对混合物的分离。在本单元介绍的装置中将脱丙烷塔釜混合物部分汽化，由于丁烷的沸点较低，即其挥发度较高，故丁烷易于从液相中汽化出来，再将汽化的蒸气冷凝，可得到丁烷组成高于原料的混合物，经过多次汽化冷凝，即可达到分离混合物中丁烷的目的。

原料为67.8℃脱丙烷塔的釜液（主要包含C_4、C_5、C_6、C_7等），由脱丁烷塔（DA405）的第16块板进料（全塔共32块板），进料量由流量控制器FIC101控制。灵敏板温度由调节器TC101通过调节再沸器加热蒸汽的流量来控制提馏段灵敏板温度，从而控制丁烷的分离质量。

脱丁烷塔塔釜液（主要为C_5以上馏分）一部分作为产品采出，另一部分经再沸器（EA-418A、B）部分汽化为蒸气从塔底上升。塔釜的液位和塔釜产品采出量由LC101和FC102组成的串级控制器控制。再沸器采用低压蒸汽加热，塔釜蒸汽缓冲罐（FA414）液位由液位控制器LC102调节底部采出量控制。

回流罐液位由液位控制器LC103和FC103构成的串级回路控制，通过调节塔顶产品采出量来维持恒定。回流罐中的液体一部分作为塔顶产品送下一工序，另一部分液体由回流泵（GA412A/B）抽出送回精馏塔DA405塔顶第32块塔板上作为回流，回流量（9664 kg/h）由流量控制器FC104控制。

塔顶的上升蒸气（C_4馏分和少量C_5馏分）经塔顶冷凝器（EA419）全部冷凝成液体，该冷凝液靠位差流入回流罐（FA408）。塔顶压力PC102采用分程控制：在正常的压力波动下，通过调节塔顶冷凝器的冷却水量来调节压力，当压力超高时，压力报警系统发出报警信号，PC102调节塔顶至回流罐的排气量来控制塔顶压力，以调节气相出料。操作压力4.25 atm（表压，$1\ \text{atm}=1.01\times10^5\ \text{Pa}$），高压控制器PC101将通过调节回流罐的气相排放量来控制塔内压力稳定。冷凝器以冷却水为载热体。回流罐液位由液位控制器LC103调节塔顶产品采出量来维持恒定。回流罐中的液体一部分作为塔顶产品送下一工序，另一部分液体由回流泵（GA412A/B）送回塔顶作为回流，回流量由流量控制器FC104控制。

2. 复杂控制方案说明

（1）串级回路

串级回路是在简单调节系统基础上发展起来的。在结构上，串级回路调节系统有两个闭合回路。主、副调节器串联，主调节器的输出为副调节器的给定值，系统通过副调节器的输出操纵调节阀动作，实现对主参数的定值调节。所以，在串级回路调节系统中，主回路是定值调节系统，副回路是随动系统。

（2）分程控制

分程控制是由一只调节器的输出信号控制两只或更多的调节阀，每只调节阀在调节器的输出信号的某段范围中工作。

（3）具体实例

DA405的塔釜液位控制LC101和塔釜出料FC102构成一个串级回路。

FC102.SP随LC101.OP的改变而变化。

PIC102为一分程控制器，分别控制PV102A和PV102B，当PC102.OP逐渐开大时，PV102A从0逐渐开大到100，而PV102B从100逐渐关小至0。

精馏塔带控制点工艺流程图如图3-1所示。

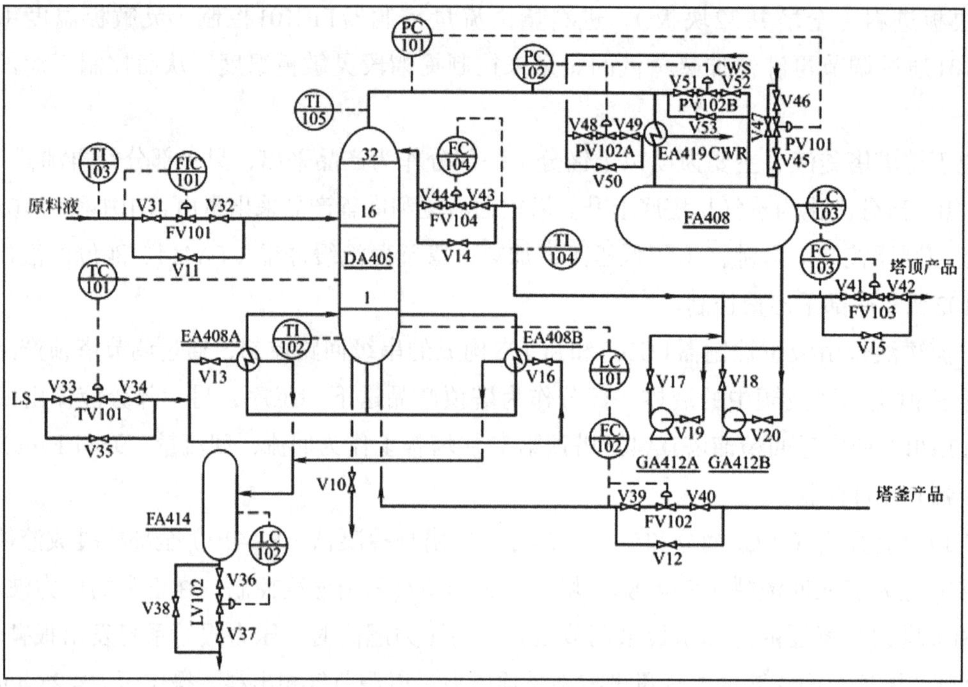

图3-1　精馏塔带控制点工艺流程图

二、识读工艺流程

1. 主要设备

本工艺由进料、精馏、冷凝、再沸、出料等工序构成，用到的设备有精馏塔、换热器、泵、储罐等。认真观察精馏塔现场图（图3-2）并填写表3-1，根据设备位号填入相应的设备名称及其作用。

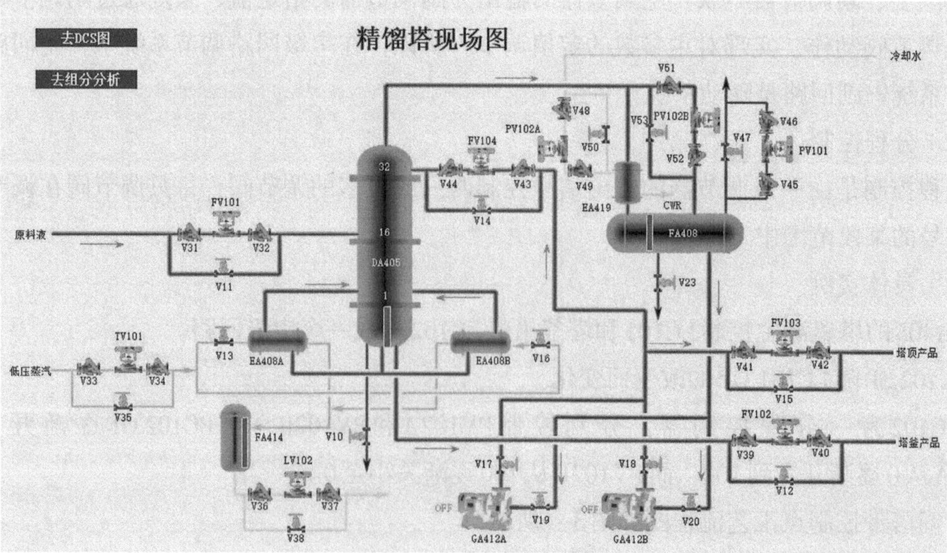

图3-2　精馏塔现场图

表3-1　脱丁烷塔主要设备及其作用

序号	设备位号	设备名称	设备作用
1	DA405		
2	EA419		
3	FA408		
4	GA412A/B		
5	EA408A/B		
6	FA414		

2. 认识现场阀门

认真观察精馏塔现场图（图3-2），认识精馏塔中各阀门，并在表3-2中填写主要阀门名称，注意阀门的初始状态。

表3-2　阀门列表

位号	名称	位号	名称
PV101		V32	
PV102A		V33	
PV102B		V34	
FV101		V35	
FV102		V36	
FV103		V37	
FV104		V38	
TV101		V39	
LV102		V40	
V10		V41	
V11		V42	
V12		V43	
V13		V44	
V14		V45	
V15		V46	
V16		V47	
V17		V48	
V18		V49	
V19		V50	
V20		V51	
V23		V52	
V31		V53	

3. DCS流程

认真观察精馏操作DCS图（图3-3），熟悉流量、液位、压力和温度等相关工艺参数。

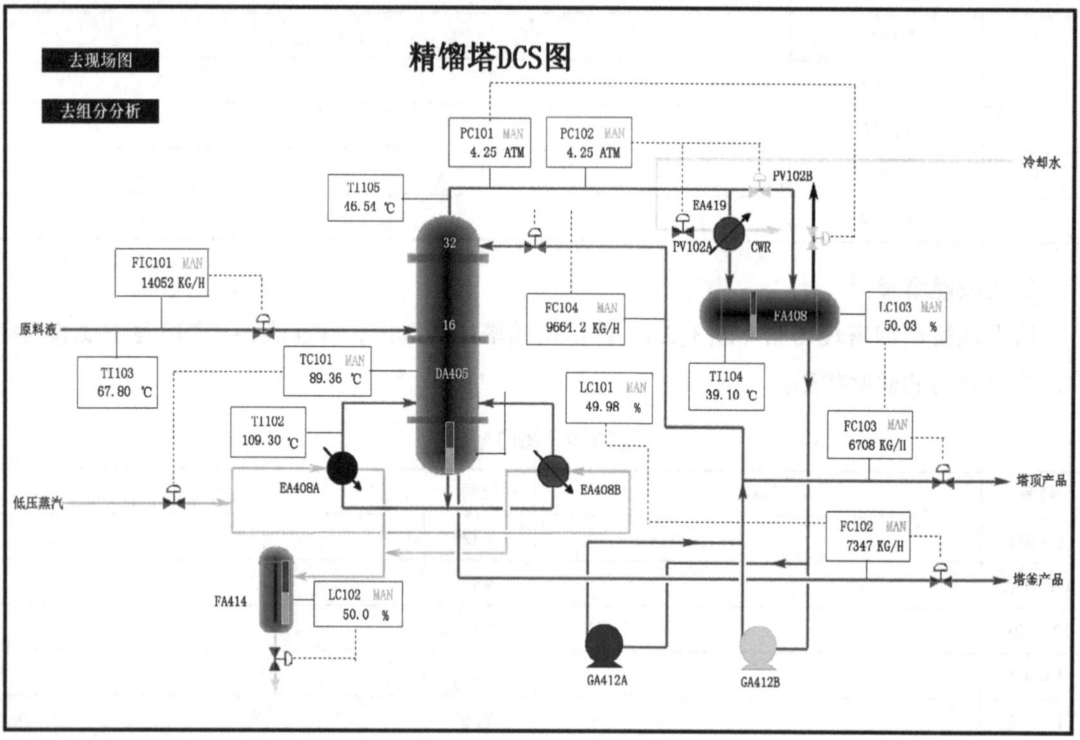

图3-3　精馏操作DCS图

三、关键参数指标与控制方案

1. 关键参数指标

① 塔体温度是保证精馏产品质量的关键，其工艺要求：灵敏板温度应控制在89.3℃，塔釜温度应控制在109.3℃，塔顶温度应控制在46.5℃。

② 塔压恒定是保证精馏塔稳定操作的关键，其工艺要求：塔顶压力应控制在4.25 MPa。

2. 控制方案

（1）温度调节

要保持精馏塔的温度稳定，对物料进料温度、塔顶、塔釜及回流液温度都应严加控制。进料温度变化时，有可能会改变进料状态，破坏全塔的热平衡，使塔内气、液分布及热负荷发生改变，从而影响塔的平稳操作和产品质量。进料温度不变，而回流量、回流温度、馏出物数量等发生变化也会破坏塔内热平衡。塔顶温度主要受塔顶回流液的影响，可通过调节回流量的大小、冷却剂的用量和温度的办法来控制。对于塔釜温度，可通过调节塔底再沸器的低压蒸汽用量来确保塔釜温度的稳定。灵敏板温度能够及时反映精馏生产中由于物料不平衡或是塔的分离能力不够等造成的产品不合格现象，从而及早加以调控以保证精馏产品的合格。

提示： 回流比是精馏塔塔顶返回塔内的回流液流量L与塔顶产品流量D的比值，即$R=L/D$。精馏塔的分离能力主要取决于回流比的大小。增大回流比可提高产品纯度，但也增加了能耗。改变回流比是调节精馏塔操作方便而有效的手段。

（2）压力调节

影响塔压变化的主要有冷却剂的温度和流量、塔顶采出量及塔顶不凝性气体的积聚等。如压力升高，应加大冷却水或降低水温以使回流液温度降低；或微开放空阀以排除不凝性气体；或适当降低塔釜加热蒸汽量以降低塔内蒸气负荷。

（3）液位调节

物料守衡是塔釜及回流罐液位稳定的关键，操作过程中应保证进料量等于塔顶馏出液采出量与塔釜残液采出量之和。

根据操作要点和安全平稳生产要求，填写表3-3。

表3-3　精馏塔单元仪表列表

显示仪表名称	位号	说明	正常值	单位	备注
温度显示仪表	TI102				
	TI103				
	TI104				
	TI105				
流量调节器	FIC101				
	FC102				
	FC103				
	FC104				
温度调节器	TC101				
液位调节器	LC101				
	LC102				
	LC103				
压力调节器	PC101				
	PC102				

四、任务实施

本部分内容主要训练学生对原料油脱丁烷精馏塔的操作能力，包括冷态开车、正常停车和事故处理。学生需要准备好工艺操作卡，在接到任务时填写基本信息；操作完成后，如实填写操作中存在的问题和建议。教师根据反馈情况，可组织集中研讨和答疑，以提高学生对精馏塔的理解和操作质量。

操作过程中，应确保塔顶冷凝器中冷却水连续供给不中断，否则未冷凝易燃气体逸出可能引起爆炸。应严格按照操作规程完成，自觉培养良好的操作习惯和安全意识，确保定期停车检修。

情景1　冷态开车仿真操作训练

启动仿真软件冷态开车工况，完成板式精馏塔的开车操作。

装置开车状态为精馏塔单元处于常温、常压氮吹扫完毕后的氮封状态，所有阀门、机泵处于关停状态。要求完成排不凝性气体、进料、塔釜加热、建立回流、产品采出和工艺过程控制等操作，并认真填写工艺操作卡，成绩应在85分以上。建议操作用时为40 min。

1. 原料油脱丁烷冷态开车仿真操作步骤

根据原料油脱丁烷冷态开车仿真操作任务填写表3-4。

表3-4　原料油脱丁烷冷态开车仿真操作任务

操作步骤	ID	分值	操作步骤说明	起始条件/终止条件
P0. 进料及排放不凝气（145分） 终止条件： T0：______ T1：______	S0	10	打开PV102B前截止阀V51	
	S1	10	打开PV102B后截止阀V52	
	S2	10	打开PV101前截止阀V45	
	S3	10	打开PV101后截止阀V46	
	S4	10	微开PV101排放塔内不凝气	
	S5	10	打开FV101前截止阀V31	
	S6	10	打开FV101后截止阀V32	
	S7	10	向精馏塔进料：缓慢打开FV101，直到开度大于40%	
	S8	10	当压力升高至0.5 atm（表压）时，关闭PV101	
	S9	50	塔顶压力大于1.0 atm，但不超过4.25 atm	
	S10	5	进料量FIC101高报（超过25000 kg/h）	
P1. 启动再沸器（125分）	S0	10	打开PV102A前截止阀V48	
	S1	10	打开PV102A后截止阀V49	
	S2	10	待塔顶压力PC101升至0.5 atm（表压）后，逐渐打开冷凝水调节阀PV102A至开度50%	
	S3	10	待塔釜液位LC101升至20%以上，打开加热蒸汽入口阀V13	
	S4	10	打开TV101前截止阀V33	
	S5	10	打开TV101后截止阀V34	
	S6	10	再稍开TC101调节阀，给再沸器缓慢加热	
	S7	10	打开LV102前截止阀V36	
	S8	10	打开LV102后截止阀V37	
	S9	10	将蒸汽冷凝水贮罐FA414的液位控制LC102设为自动	
	S10	10	将蒸汽冷凝水贮罐FA414的液位LC102设定在50%	

（续表）

操作步骤	ID	分值	操作步骤说明	起始条件/终止条件
P1. 启动再沸器 （125分）	S11	10	逐渐开大TV101至50%，使塔釜温度逐渐上升至100℃，灵敏板温度升至75℃	
	S12	5	塔釜温度从50℃到100℃段升温过快（少于240 s）	
P2. 建立回流 （110分） 起始条件： T0：______ T1：______ T2：______	S0	10	打开回流泵GA412A入口阀V19	
	S1	10	启动泵	
	S2	10	打开泵出口阀V17	
	S3	10	打开FV104前截止阀V43	
	S4	10	打开FV104后截止阀V44	
	S5	10	手动打开调节阀FV104（开度>40%），维持回流罐液位至40%以上	
	S6	50	回流罐液位LC103控制在50%	
P3. 调节至正常 （620分） 起始条件： T0：______	S0	10	待塔压稳定后，将PC101设置为自动	
	S1	10	设定PC101为4.25 atm	
	S2	10	将PC102设置为自动	
	S3	10	设定PC102为4.25 atm	
	S4	10	塔压完全稳定后，将PC101设置为5.0 atm	
	S5	10	待进料量稳定在14 056 kg/h后，将FIC101设置为自动	
	S6	10	设定FIC101为14 056 kg/h	
	S7	10	热敏板温度稳定在89.3℃，塔釜温度TI102稳定在109.3℃后，将TC101设置为自动	
	S8	50	进料量稳定在14 056 kg/h	
	S9	50	灵敏板温度TC101控制在89.3℃	
	S10	50	塔釜温度稳定在109.3℃	
	S11	10	将调节阀FV104开至50%	
	S12	10	当FC104流量稳定在9 664 kg/h后，将其设置为自动	
	S13	10	设定FC104为9 664 kg/h	
	S14	50	FC104流量稳定在9 664 kg/h	
	S15	10	打开FV102前截止阀V39	
	S16	10	打开FV102后截止阀V40	
	S17	10	当塔釜液位无法维持时（大于35%），逐渐打开FC102，采出塔釜产品	
P3. 调节至正常 （620分）	S18	50	塔釜液位LC101控制在50%	
	S19	10	当塔釜产品采出量稳定在7 349 kg/h，将FC102设置为自动	
	S20	10	设定FC102为7 349 kg/h	
	S21	10	将LC101设置为自动	

（续表）

操作步骤	ID	分值	操作步骤说明	起始条件/终止条件
P3. 调节至正常（620分）	S22	10	设定LC101为50%	
	S23	10	将FC102设置为串级	
	S24	50	塔釜产品采出量稳定在7 349 kg/h	
	S25	10	打开FV103前截止阀V41	
	S26	10	打开FV103后截止阀V42	
	S27	10	当回流罐液位无法维持时，逐渐打开FV103，采出塔顶产品	
	S28	10	待产出稳定在6 707 kg/h，将FC103设置为自动	
	S29	10	设定FC103为6 707 kg/h	
	S30	10	将LC103设置为自动	
	S31	10	设定LC103为50%	
	S32	10	将FC103设置为串级	
	S33	50	塔顶产品采出量稳定在6 707 kg/h	
P4. 扣分步骤	S0	10	塔顶压力超过6 atm	
	S1	20	塔顶压力超过7 atm	
	S2	50	塔顶压力严重超限	
	S3	10	塔釜液位LC101超过80%	
	S4	20	塔釜液位LC101超过90%	
	S5	50	塔釜液位LC101严重超限	
	S6	10	塔釜液位LC101低于15%	
	S7	20	塔釜液位LC101低于10%	
	S8	50	塔釜液位LC101严重超低	
	S9	50	蒸汽缓冲罐液位严重超高	
	S10	10	蒸汽缓冲罐液位超高	
	S11	20	蒸汽缓冲罐液位超低	
	S12	50	回流罐液位严重超标	
	S13	10	回流罐液位过高	
	S14	20	回流罐液位过低	
	S15	50	当塔釜温度比较高时，塔釜液位过低	
	S16	50	精馏塔灵敏板温度过高	
	S17	50	违规排液，打开精馏塔泄液阀V10	
	S18	50	违规排液，打开回流罐泄液阀V23	
	S19	50	低液位开泵，开GA412A泵	
	S20	50	未开前阀先开泵GA412A	
	S21	50	低液位开泵，开GA412B泵	

（续表）

操作步骤	ID	分值	操作步骤说明	起始条件/终止条件
P4. 扣分步骤	S22	50	未开前阀先开泵GA412B	
	S23	50	多台泵同时启用	
	S24	50	FIC101开副线运行，主控阀投自动后，打开副线扣分	
	S25	50	FC102开副线运行，主控阀投自动后，打开副线扣分	
	S26	50	FC103开副线运行，主控阀投自动后，打开副线扣分	
	S27	50	FC104开副线运行，主控阀投自动后，打开副线扣分	
	S28	50	PC102开副线运行，主控阀投自动后，打开副线扣分	
	S29	50	TC101开副线运行，主控阀投自动后，打开副线扣分	
	S30	50	换热器冷热物流顺序错误	

2. 冷态开车操作记录与分析

操作结束后，在表3-5中填写有关装置的实际工艺参数值，在表3-6中填写操作质量评价，并进行工艺分析，制定下次操作的改进方案。

表3-5　原料油脱丁烷工艺参数记录

工艺参数		调节阀位号	控制指标	实际操作值				
				第1次	第2次	第3次	第4次	第5次
压力/kPa	塔顶压力控制	PC101						
	塔顶压力控制	PC102						
流量/(kg/h)	塔进料量控制	FIC101						
	塔釜采出量控制	FC102						
	塔顶采出量控制	FC103						
	塔顶回流量控制	FC104						
温度/℃	灵敏板温度控制	TC101						
	塔釜温度	TI102						
	进料温度	TI103						
	回流温度	TI104						
	塔顶气温度	TI105						
液位/%	塔釜液位控制	LC101						
	塔釜蒸汽缓冲罐液位控制	LC102						
	塔顶回流罐液位控制	LC103						

3. 质量评价

表3-6　单塔精馏单元仿真操作质量评价记录

操作成绩	应得分	实际得分				
		第1次	第2次	第3次	第4次	第5次
普通操作步骤得分	540					
质量操作步骤得分	450					
操作失误导致扣分	—					
实际总分	990					
百分制得分	100					
总用时（s）						

4. 操作分析

5. 实训操作总结

（续表）

情景2　正常停车训练

启动仿真软件停车工况，完成原料油脱丁烷精馏塔的停车操作。

停车时，要先停进料，再停再沸器，停产品采出，降温降压后再停冷却水。要求学生完成降负荷、停进料和再沸器、停回流、降压降温等操作，并认真填写工艺操作卡（表3–7），成绩应在90分以上。建议操作时间30 min。

表3–7　原料油脱丁烷正常停车仿真操作步骤

操作步骤	ID	分值	操作步骤说明	质量指标/起始（终止）条件
P0. 降负荷（140分） 终止条件： T0：______ T1：______ T2：______	S0	10	手动逐步关小FV101，使进料降至正常进料量的70%	
	S1	30	进料降至正常进料量的70%	
	S2	30	保持灵敏板温度TC101的稳定性	
	S3	30	保持塔压PC102的稳定性	
	S4	10	断开LC103和FC103的串级，手动开大FV103，使液位LC103降至20%	

（续表）

操作步骤	ID	分值	操作步骤说明	质量指标/起始（终止）条件
P0. 降负荷（140分）	S5	10	液位LC103降至20%	
	S6	10	断开LC101和FC102的串级，手动开大FV102，使液位LC101降至30%	
	S7	10	液位LC101降至30%	
P1. 停进料和再沸器（160分） 起始条件： T0：____ T1：____ T2：____	S0	10	停精馏塔进料，关闭调节阀FV101	
	S1	10	关闭FV101前截止阀V31	
	S2	10	关闭FV101后截止阀V32	
	S3	10	关闭调节阀TV101	
	S4	10	关闭TV101前截止阀V33	
	S5	10	关闭TV101后截止阀V34	
	S6	10	停加热蒸汽，关加热蒸汽阀V13	
	S7	10	停止产品采出，手动关闭FV102	
	S8	10	关闭FV102前截止阀V39	
	S9	10	关闭FV102后截止阀V40	
	S10	10	手动关闭FV103	
	S11	10	关闭FV103前截止阀V41	
	S12	10	关闭FV103后截止阀V42	
	S13	10	打开塔釜泄液阀V10，排出不合格产品，控制塔釜降低液位	
	S14	10	将LC102置为手动模式	
	S15	10	操作LC102对FA414进行泄液	
P2. 停回流（120分） 起始条件： T0：____	S0	10	手动开大FV104，将回流罐内液体全部打入精馏塔，以降低塔内温度	
	S1	10	当回流罐液位降至10%以下时，停回流，关闭调节阀FV104	
	S2	10	关闭FV104前截止阀V43	
	S3	10	关闭FV104后截止阀V44	
	S4	20	关闭泵出口阀V17	
	S5	20	停泵GA412A	
	S6	20	关闭泵入口阀V19	
	S7	10	打开回流罐泄液阀V23，将回流罐排空	
	S8	10	将回流罐排空后，关闭回流罐泄液阀V23	
P3. 降压、降温（90分） 起始条件： T0：____	S0	10	塔内液体排完后，手动打开PV101进行降压	
	S1	10	当塔压降至常压后，关闭PV101	
	S2	10	关闭PV101前截止阀V45	
	S3	10	关闭PV101后截止阀V46	

（续表）

操作步骤	ID	分值	操作步骤说明	质量指标/起始（终止）条件
P3. 降压、降温（90分）	S4	10	灵敏板温度降至50℃以下，PC102投手动	
	S5	10	灵敏板温度降至50℃以下，关塔顶冷凝器冷凝水，手动关闭PV102A	
	S6	10	关闭PV102A前截止阀V48	
	S7	10	关闭PV102A后截止阀V49	
	S8	10	当塔釜液位降至0%后，关闭泄液阀V10	
扣分步骤	S0	50	塔顶压力超过6 atm	
	S1	50	塔顶压力超过7 atm	
	S2	50	塔顶压力超过8 atm	
	S3	50	蒸汽缓冲罐液位过高	
	S4	50	违规打开回流罐泄液阀V23	
	S5	50	回流罐液位过高	
	S6	50	塔釜液位过高	
	S7	50	塔釜液位违规排液（边进料边排液）	

情景3　事故处理

启动仿真软件事故处理工况，完成原料油脱丁烷精馏塔的事故处理操作。

本工艺涉及的事故有：加热蒸汽压力过高（釜温升高），加热蒸汽压力过低（釜温下降），冷凝水中断（顶温、顶压升高），停电（泵停，回流中断，顶温、顶压升高），回流泵故障（顶温、顶压升高，切换备用泵），回流控制阀卡（顶温、顶压升高，切换旁路阀）。物料中断及设备故障时造成界面上的参数变化均不相同，要求根据界面上参数的变化，对比正常值，快速分析出事故原因，做出相应处理操作，并认真填写工艺操作卡，要求成绩均在90分以上。建议每个事故操作用时10 min。

原料油脱丁烷仿真操作常见事故及处理方法如表3–8所示，按照操作步骤训练后总结事故现象及分析事故原因并填到表3–8中。

表3–8　原料油脱丁烷仿真操作常见事故及处理方法

事故1：加热蒸汽压力过高

处理操作步骤	原因分析	主要现象
（1）将TC101改为手动调节 （2）减小调节阀TV101的开度 （3）待温度稳定后，将TC101改为自动调节，将TC101设定为89.3℃ （4）质量指标：灵敏塔板温度TC101		

（续表）

事故2：加热蒸汽压力过低

处理操作步骤	原因分析	主要现象
（1）将TC101改为手动调节 （2）增大调节阀TV101的开度 （3）待温度稳定后，将TC101改为自动调节，将TC101设定为89.3℃ （4）质量指标：灵敏塔板温度TC101		

事故3：冷凝水中断

处理操作步骤	原因分析	主要现象
（1）将PC101设置为手动 （2）打开回流罐放空阀PV101 （3）将FIC101设置为手动 （4）关闭FIC101，停止进料 （5）关闭FV101的前、后阀（V31、V32） （6）将TC101改为手动控制 （7）关闭TV101，停止加热蒸汽 （8）关闭TV101前、后阀（V33、V34） （9）将FC102改为手动控制 （10）关闭FV102，停止产品采出 （11）关闭FV102的前、后阀（V39、V40） （12）将FC103改为手动控制 （13）关闭FV103，停止产品采出 （14）关闭FV103的前、后阀（V41、V42） （15）打开塔釜泄液阀V10，排出不合格产品 （16）将LC102改为手动控制 （17）打开LV102，对FA414泄液 （18）当回流罐液位为零时，关闭V23 （19）关闭回流泵GA412A的出口阀V17 （20）停泵CA412 （21）关回流泵前阀V19 （22）当塔釜液位为零时，关闭VI0 （23）当塔顶压力降至常压时，关闭冷凝器 （24）关闭PV102A的前、后阀（V48、V49）		

事故4：停电

处理操作步骤	原因分析	主要现象
（1）将PC101改为手动控制 （2）打开回流罐放空阀PV101保压 （3）将FIC101改为手动控制 （4）关闭FV101，停止进料 （5）关闭FV101的前、后阀（V31、V32） （6）将TC101改为手动控制 （7）关闭TV101，停止加热蒸汽 （8）关闭TV101的前、后阀（V33、V34） （9）将FC102改为手动控制		

（续表）

处理操作步骤	原因分析	主要现象
（10）关闭FV102，停止产品采出 （11）关闭FV102的前、后阀（V39、V40） （12）将FC103改为手动控制 （13）关闭FV103，停止产品采出 （14）关闭FV103的前、后阀（V41、V42） （15）打开塔釜泄液阀V10，排出不合格产品 （16）将LC102改为手动控制 （17）打开LC102，对FA414泄液 （18）当回流罐液位为零时，关闭V23 （19）关闭回流泵CA412A的出口阀V17 （20）停泵CA412 （21）关回流泵入口阀V19 （22）当塔釜液位为零时，关闭V10 （23）当塔项压力降至常压时，关闭冷凝器 （24）关闭PV102A的前、后阀（V48、V49）		

事故5：回流泵 GA412A故障

处理操作步骤	原因分析	主要现象
（1）开备用泵入口阀V20 （2）启动备用泵CA412B （3）开备用泵出口阀V18 （4）关泵CA412A的后阀V17 （5）停泵GA412A （6）关泵GA412A的前阀V19		

事故6：回流控制阀FC104阀卡

处理操作步骤	原因分析	主要现象
（1）将FC104改为手动控制 （2）关闭FV104的前阀V43 （3）关闭FV104的后阀V44 （4）打开旁通阀V14，保持回流		

事故7：停蒸汽

处理操作步骤	原因分析	主要现象
（1）将PC101改为手动控制 （2）打开回流罐放空阀PV101保压 （3）将FIC101改为手动控制 （4）关闭FV101，停止进料 （5）关闭FV101的前、后阀（V31、V32） （6）将TC101改为手动控制 （7）关闭TV101，停止加热蒸汽 （8）关闭TV101的前、后阀（V33、V34） （9）将FC102改为手动控制 （10）关闭FV102，停止产品采出		

（续表）

处理操作步骤	原因分析	主要现象
（11）关闭FV102的前、后阀（V39、V40） （12）将FC103改为手动控制 （13）关闭FV103，停止产品采出 （14）关闭FV103的前、后阀（V41、V42） （15）打开塔釜泄液阀V10，排出不合格产品 （16）将LC102改为手动控制 （17）打开LC102，对FA414泄液 （18）当回流罐液位为零时，关闭V23 （19）关闭回流泵CA412A的出口阀V17 （20）停泵CA412 （21）关回流泵入口阀V19 （22）当塔釜液位为零时，关闭V10 （23）当塔项压力降至常压时，关闭冷凝器 （24）关闭PV102A和前、后阀（V48、V49）		

事故8：塔釜出料调节阀FV102阀卡

处理操作步骤	原因分析	主要现象
（1）将FC102改为手动控制 （2）关闭FV102的前阀V39 （3）关闭FV102的后阀V40 （4）打开FV102的旁通阀V12，维持塔釜液位50%		

事故9：再沸器严重结垢

处理操作步骤	原因分析	主要现象
（1）打开备用再沸器EA408B的蒸汽入口阀V16，控制灵敏板的温度TC101为89.3℃ （2）关闭再沸器EA408A的蒸汽入口阀V13		

事故10：仪表风停

处理操作步骤	原因分析	主要现象
（1）打开FV101的旁通阀V11 （2）打开TV101的旁通阀V35 （3）打开LV102的旁通阀V38 （4）打开FV102的旁通阀V12 （5）打开PV102A的旁通阀V50 （6）打开FV104的旁通阀V14 （7）打开FV103的旁通阀V1 （8）关闭气闭阀PV102A的前截止阀V48 （9）关闭气闭阀PV102A的后截止阀V4 （10）关闭气闭阀PV101的前阀V45 （11）关闭气闭阀PV101的后阀V46 （12）调节旁通阀，使PI101的压力为4.25 atm （13）调节旁通阀，使FA408的液位LC103为50% （14）调节旁通阀，使精馏塔液位LC101为50%		

（续表）

处理操作步骤	原因分析	主要现象
（15）调节旁通阀，使FA414的液位LC102为50% （16）调节旁通阀，使灵敏板的温度TC101为89.3℃ （17）调节旁通阀，使精馏塔进料FIC101的流量为14 056 kg/h （18）调节旁通阀，使精馏塔回流流量FC104为9 664 kg/h		

事故11：进料压力突然增大

处理操作步骤	原因分析	主要现象
（1）将FIC101改为手动控制 （2）调节FV101，使原料液进料FIC101的流量稳定在14 056 kg/h左右 （3）将FIC101投自动，设定值为14 056 kg/h		

事故12：再沸器积水

处理操作步骤	原因分析	主要现象
（1）调节LV102，降低FA414液位，使FA414液位维持在50%左右 （2）将LC102投自动，设定值为50% （3）控制灵敏板的温度TC101为89.3℃		

事故13：回流罐液位超高

处理操作步骤	原因分析	主要现象
（1）将FC103改为手动控制 （2）开大FV102阀 （3）打开泵GA412B的前阀V20，开度为50% （4）启动泵GA412B。 （5）打开泵GA412B的后阀V18，开度为50% （6）将FC104改为手动控制 （7）不断调节FV104，使FC104的流量稳定在9 664 kg/h，将FV104投自动 （8）当FA408液位接近正常值时，关闭泵GA412B的后阀V18 （9）关闭泵GA412B （10）关闭泵GA412B的前阀V20 （11）不断调节FV103，使回流罐液位LC103维持在50% （12）待LC103稳定在50%后，将FC103投串级		

事故14：塔釜轻组分含量偏高

处理操作步骤	原因分析	主要现象
（1）手动调节回流阀FV104 （2）当回流流量稳定在9 664 kg/h时，将FC104投自动，设定值为9 664 kg/h （3）控制塔釜轻组分含量小于0.002		

（续表）

事故15：原料液进料阀FV101阀卡

处理操作步骤	原因分析	主要现象
（1）将FC101改成手动控制 （2）关闭FV101的前、后阀（V31、V32） （3）打开FV101的旁通阀V11，控制原料液流量在14 056 kg/h，维持塔釜液位在50%		

【学习诊断】

一、填空题

1. 本项目中精馏装置的塔压需要控制在________下稳定操作。

2. 再沸器中加热介质的流量，是由________来调节的。

3. 精馏塔的塔压增大，塔釜温度将________。

4. 本项目的精馏装置中，塔釜的液位是由________维持恒定的。

5. 本项目的精馏装置在正常的操作条件下，压力是用________调节的。

二、选择题

1. 如果精馏塔的塔顶温度超高，应采取的稳妥办法有（　　）。

A. 增加回流量

B. 塔顶放空

C. 减少塔釜再沸器的蒸气供应量

D. 加大塔顶冷凝水量

E. 增加全塔进料量

2. 回流比的计算公式是（　　）。

A. 回流量比塔顶采出量　　B. 回流量比进料量

C. 回流量加进料量比全塔采出量　　D. 回流量比塔顶采出量加进料量

3. 回流泵异常故障后，主要的工艺现象是（　　）。

A. 塔顶温度上升　　B. 塔顶压力上升

C. 塔釜温度下降　　D. 塔顶轻组分增加

E. 塔釜轻组分增加

4. 蒸馏和精馏的共性是（　　）。

A. 都利用重力进行分离

B. 都遵循气液平衡原理

C. 都利用组分的挥发能力不同进行物质分离

D. 都采用板式塔

E. 都采用填料塔

5. 精馏中的不凝气是指（　　）气体。

A. 空气　　B. 氮气　　C. 烷烃　　D. 蒸气　　E. 天然气

6. 为什么开车前要进行排放不凝气和进行实气置换？（　　）

A. 可以不做，没有影响　　B. 提高塔釜重组分的含量

C. 提高塔顶轻组分的含量　　D. 提高塔釜轻组分的含量

7. C_4的饱和蒸气压是（　　）。

A. 2.2 atm（表）　　B. 3.2 atm（表）　　C. 4.2 atm（表）　　D. 5.2 atm（表）

8. 加大回流比，塔顶轻组分将（　　）。

A. 不变　　B. 变大　　C. 变小　　D. 忽大忽小

9. 测量值和设定值的偏差在（　　）时，投自动比较适宜。

A. 5%　　B. 10%　　C. 15%　　D. 20%

10. 精馏塔灵敏板温度过低，意味着分离效果（　　）。

A. 不变　　B. 不好　　C. 更好　　D. 不一定

三、判断题

（　　）1. 因为乙烷的沸点较低，所以可在塔底得到较纯的乙烷。

（　　）2. 在正常操作中，灵敏板的温度高于塔釜温度。

（　　）3. 本装置在串联回路调节系统中，主回路定值是调节系统，副回路是随动系统。

（　　）4. 精馏塔在进料前应先开放空阀以排不凝气。

（　　）5. 本项目中的精馏装置塔顶压力PC102采用分程控制。

项目四　双塔精馏虚拟仿真操作

学习目标

知识目标

- 了解双精馏单元带控制点的工艺流程。
- 掌握双塔精馏塔单元的开、停车及正常操作技术。
- 掌握串级回路调节和分程控制调节。
- 掌握双塔精馏过程中常见事故的处理方法。

能力目标

- 能够独立进行双塔精馏的冷态开车、正常停车、正常操作。
- 了解双塔精馏过程的控制系统，能熟练使用调节器，能将工艺参数调整到正常指标范围内。
- 能够判断工艺、设备、仪表等的工作状态是否正常，并能熟练调节。
- 对于双塔精馏过程中出现的一些故障能快速分析原因，掌握故障处理操作。

一、虚拟仿真工艺流程

1. 工艺流程说明

双塔精馏指的是两塔串联起来进行精馏的过程，其核心设备为轻组分脱除塔和产品精制塔。

轻组分脱除塔将原料中的轻组分从塔顶蒸出，蒸出的轻组分或作为产品或回收利用，塔釜产品直接送入产品精制塔进一步精制。产品精制塔塔顶得到最终产品，塔釜的重组分物质经过处理排放或回收利用。双塔精馏仿真软件可以帮助理解精馏塔操作原理及轻重组分的概念。

本项目以丙烯酸甲酯生产流程中的醇拔头塔和酯提纯塔为依据进行仿真。醇拔头塔对应仿真单元里的轻组分脱除塔T150，酯提纯塔对应仿真单元里的产品精制塔T160。醇拔头塔为精馏塔，利用精馏的原理，将主物流中少部分的甲醇从塔顶蒸出，含有甲酯和少部分重组分的物流从塔底排出至T160，并进一步分离。酯提纯塔T160塔顶分离出产品甲酯，塔釜分离出的重组分产品返回至废液罐进行再处理或回收利用。

原料液由轻组分脱除塔中部进料，进料量不可控制。由调节器TIC140通过调节再沸器加热蒸汽的流量来控制提馏段灵敏板温度，从而控制醇的分离质量。轻组分脱除塔塔釜液（主要为甲酯及重组分）作为产品精制塔的原料直接进入产品精制塔。塔釜的液位和塔釜产品采出量由LIC119和FIC141组成的串级控制器控制。再沸器采用低压蒸汽加热。塔顶的上升蒸气（主要是甲醇）经塔顶冷凝器（E152）全部冷凝成液体，该冷凝液靠位差流入回流罐（V151）。V151为油水分离罐，油相中一部分作为塔顶回流（由回流泵（P151A、P151B）送回塔顶作为回流，回流量由流量控制器FIC142控制），另一部分作为塔顶产品送下一工序；水相直接回收到醇回收塔。操作压力为61.33 kPa（表压），控制器PIC128将通过调节回流罐的气相排放量来控制塔内压力稳定。冷凝器以冷却水为载热体。回流罐中水相液位由液位控制器LIC123通过调节塔顶产品采出量来维持恒定，而油相液位由液位控制器LIC121通过调节塔顶产品采出量来维持恒定。

由轻组分脱除塔塔釜来的原料进入产品精制塔中部，进料量由FIC141控制。由调节器TIC148通过调节再沸器加热蒸汽的流量来控制提馏段灵敏板温度，从而控制醇的分离质量。产品精制塔塔釜液（主要为重组分）直接采出回收利用。塔釜的液位和塔釜产品采出量由LIC1259和FIC151组成的串级控制器控制。再沸器采用低压蒸汽加热。塔顶的上升蒸气（主要是甲酯）经塔顶冷凝器（E162）全部冷凝成液体，该冷凝液靠位差流入回流罐（V161）。塔顶产品，一部分作为回流液返回产品精制塔，回流量由流量控制器FIC150控制；另一部分为最终产品采出。操作压力为21.29 kPa（表压），控制器PIC133将通过调节回流罐的气相排放量来控制塔内压力稳定。冷凝器以冷却水为载热体。回流罐液位由液位控制器LIC126通过调节塔顶产品采出量来维持恒定。

2. 复杂控制系统

双塔精馏单元复杂控制回路主要是串级回路的使用，在轻组分脱除塔、产品精制塔和塔顶回流罐中都使用了液位与流量串级回路。塔釜再沸器中使用了温度与流量的串级回路。

串级回路是在简单调节系统基础上发展起来的。在结构上，串级回路调节系统有两个闭合回路。主、副调节器串联，主调节器的输出为副调节器的给定值，系统通过副调节器的输出操纵调节阀动作，实现对主参数的定值调节。因此，在串级回路调节系统中，主回路是定值调节系统，副回路是随动系统。

具体实例：

图4–1所示为双塔精馏总貌图，其中，T150的塔釜液位控制LIC119和塔釜出料FIC141构成一串级回路。FIC141.SP随LIC119.OP的改变而变化。

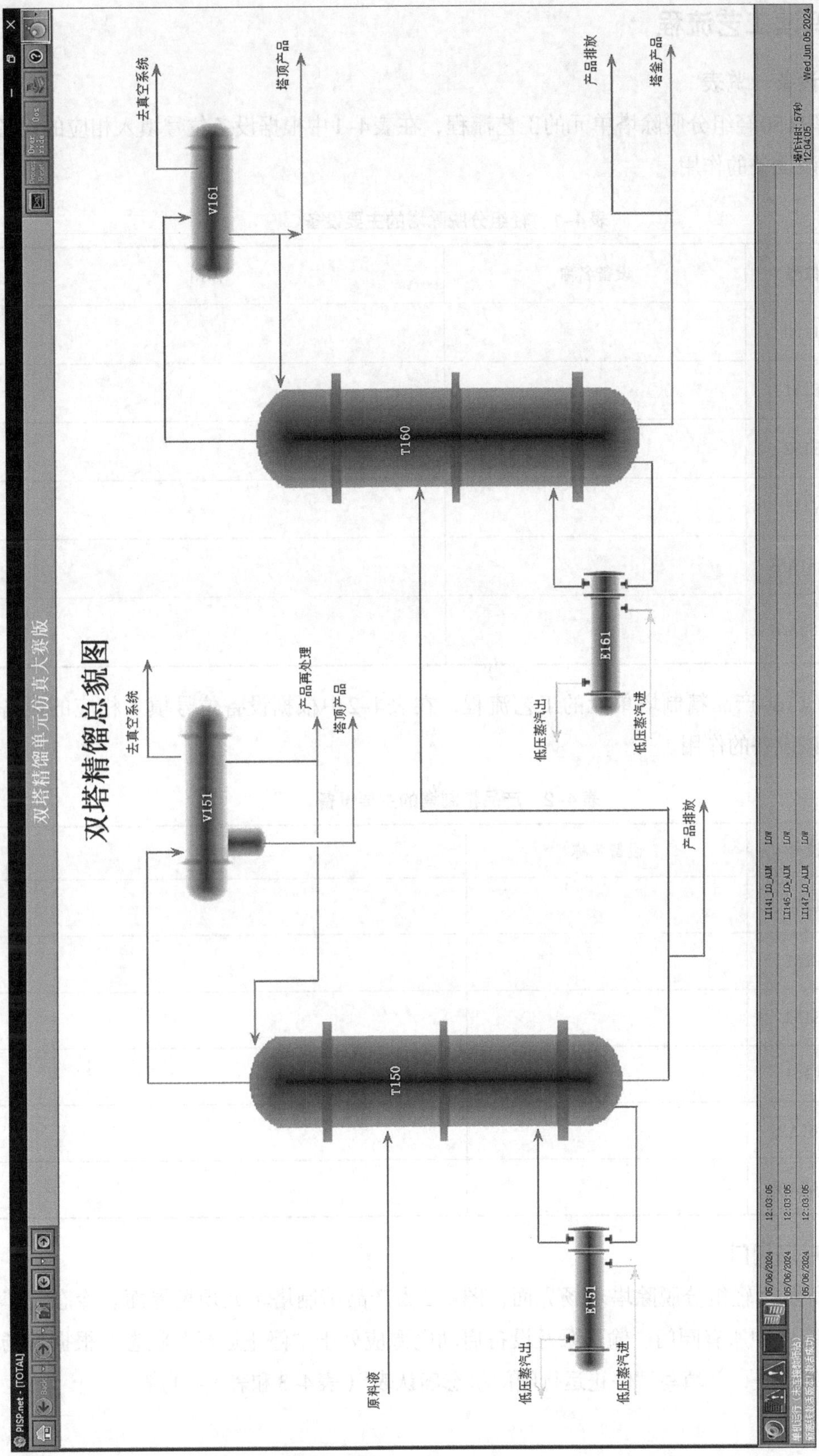
双塔精馏单元仿真大赛版
双塔精馏总貌图
T150
T160
V151
V161
E151
E161
原料液
低压蒸汽出
低压蒸汽进
去真空系统
塔顶产品
产品再处理
产品排放
塔釜产品

图4-1　双塔精馏总貌图

二、识读工艺流程

1. 主要设备一览表

① 了解T150轻组分脱除塔单元的工艺流程，在表4–1中根据设备位号填入相应的设备名称，并写出该设备的作用。

表4–1　轻组分脱除塔的主要设备

序号	位号	设备名称	作用
1	T150		
2	E151		
3	E152		
4	V151		
5	P151A/B		
6	P150A/B		

② 了解T160产品精制塔单元的工艺流程，在表4–2中根据设备位号填入相应的设备名称，并写出该设备的作用。

表4–2　产品精制塔的主要设备

序号	位号	设备名称	作用
1	T160		
2	E161		
3	E162		
4	V161		
5	P161A/B		
6	P160A/B		

2. 认识现场阀门

图4–2所示为轻组分脱除塔现场界面，图4–3为产品精制塔单元现场界面。冷态开车操作前，这些装置中所有阀门、输送泵及设备启动电源应处于“停止运行”状态。根据现场图实行逐一挂牌检查，并填写“停止运行阀门状态确认表”(表4–3和表4–4)。

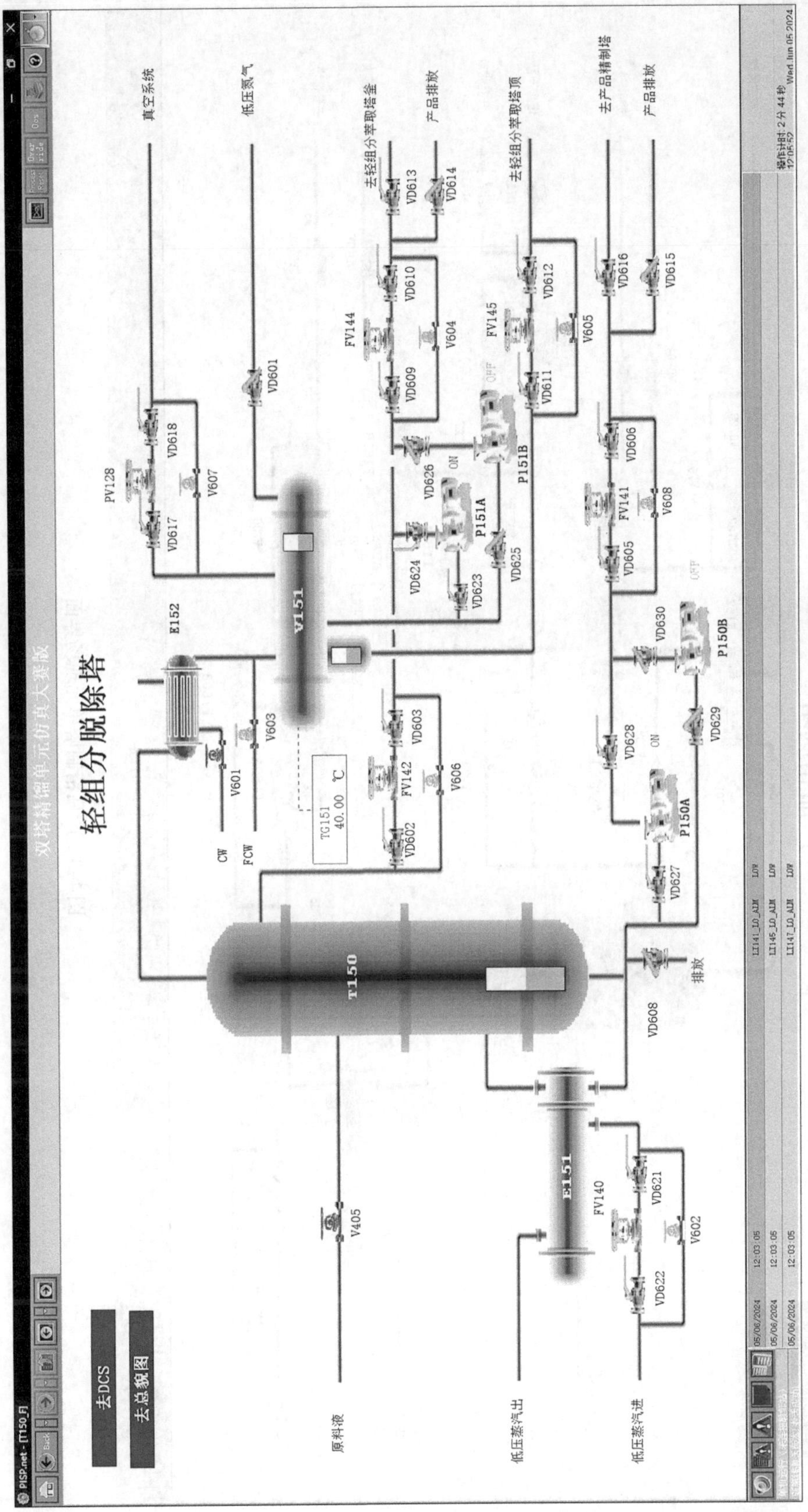

图4-2　轻组分脱除塔现场界面

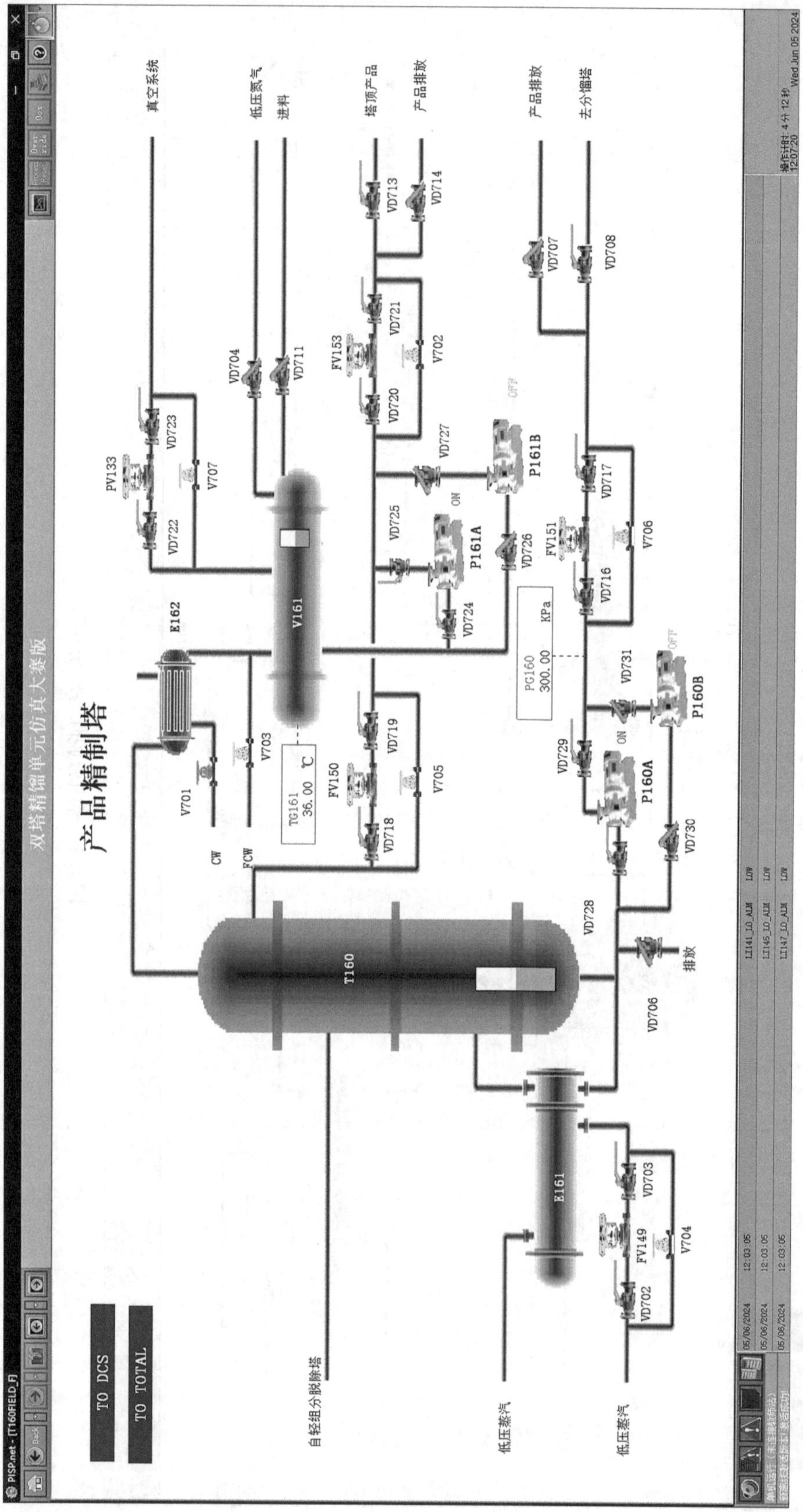

图4-3 产品精制塔单元现场界面

（1）轻组分脱除塔单元

表4-3　轻组分脱除塔单元停止运行阀门状态确认表

序号	位号	所在位置及作用	状态	确认
1	VD601	引LN（低压氮气）至V151顶部管线入口阀	关	
2	VD602	P151A/B至T150管线，FV142前阀	关	
3	VD603	P151A/B至T150管线，FV142后阀	关	
4	VD605	P150A/B至T160（或产品排放）管线，FV141前阀	关	
5	VD606	P150A/B至T160（或产品排放）管线，FV141后阀	关	
6	VD608	T150底部排液阀	关	
7	VD609	P151A/B至去轻组分萃取塔釜（或产品排放）管线，FV144前阀	关	
8	VD610	P151A/B至去轻组分萃取塔釜（或产品排放）管线，FV144后阀	关	
9	VD611	V151底部至去轻组分萃取塔顶管线，FV145前阀	关	
10	VD612	V151底部至去轻组分萃取塔顶管线，FV145后阀	关	
11	VD613	泵P151A出料至去轻组分萃取塔釜阀	关	
12	VD614	泵P151A出料至产品排放阀	关	
13	VD615	泵P150A出料至产品排放阀	关	
14	VD616	泵P150A出料至T160（去产品精制塔）阀	关	
15	VD617	V151至真空系统管线，PV128前阀	关	
16	VD618	V151至真空系统管线，PV128后阀	关	
17	VD621	低压蒸汽至E151管线，FV140后阀	关	
18	VD622	低压蒸汽至E151管线，FV140前阀	关	
19	VD623	泵P151A吸入阀	关	
20	VD624	泵P151A出口阀	关	
21	VD625	泵P151B吸入阀	关	
22	VD626	泵P151B出口阀	关	
23	VD627	泵P150A吸入阀	关	
24	VD628	泵P150A出口阀	关	
25	VD629	泵P150B吸入阀	关	
26	VD630	泵P150B出口阀	关	
27	V405	原料液至T150管线，原料液进料阀	0	

（续表）

序号	位号	所在位置及作用	状态	确认
28	V601	E152壳程冷却水入口手动阀	0	
29	V602	控制阀FV140的旁路阀	0	
30	V603	引循环水FCW至V151顶部手动阀	0	
31	V604	控制阀FV144的旁路阀	0	
32	V605	控制阀FV145的旁路阀	0	
33	V606	控制阀FV142的旁路阀	0	
34	V607	控制阀PV128的旁路阀	0	
35	V608	控制阀FV141的旁路阀	0	
36	P150A	轻组分脱除塔塔釜外输泵电机开关	关	
37	P151A	轻组分脱除塔塔顶回流泵电机开关	关	
38	TG151	V151温度（现场温度数字指示仪）	25℃	

注：确认阀门状态后请在表格对应位置打“√”。

（2）产品精制塔单元

表4-4 产品精制塔单元停止运行阀门状态确认表

序号	位号	所在位置	状态	确认
1	VD702	低压蒸汽至E161管线，FV149前阀	关	
2	VD703	低压蒸汽至E161管线，FV149后阀	关	
3	VD704	引LN（低压氮气）至V161顶部阀	关	
4	VD706	T160底部排液阀	关	
5	VD707	泵P160A/B出料至产品排放阀	关	
6	VD708	泵P160A/B出料至去分馏塔阀	关	
7	VD711	引丙烯酸甲酯MA至V161阀	关	
8	VD713	泵P161A出料丙烯酸甲酯MA阀	关	
9	VD714	泵P161A出料至产品排放阀	关	
10	VD716	泵P160A/B出口至分馏塔（或产品排放）管线，FV151前阀	关	
11	VD717	泵P160A/B出口至分馏塔（或产品排放）管线，FV151后阀	关	
12	VD718	泵P161A/B出口至T160管线，FV150前阀	关	
13	VD719	泵P161A/B出口至T160管线，FV150后阀	关	
14	VD720	泵P161A/B出口至塔顶产品（或产品排放）管线，FV153前阀	关	

（续表）

序号	位号	所在位置	状态	确认
15	VD721	泵P161A/B出口至塔顶产品（或产品排放）管线，FV153后阀	关	
16	VD722	V161至真空系统管线，PV133前阀	关	
17	VD723	V161至真空系统管线，PV133后阀	关	
18	VD724	泵P161A的吸入阀	关	
19	VD725	泵P161A的出口阀	关	
20	VD726	泵P161B的吸入阀	关	
21	VD727	泵P161B的出口阀	关	
22	VD728	泵P160A的吸入阀	关	
23	VD729	泵P160A的出口阀	关	
24	VD730	泵P160B的吸入阀	关	
25	VD731	泵P160B的出口阀	关	
26	V701	E162壳程冷却水入口手动阀	0	
27	V702	控制阀FV153的旁路阀	0	
28	V703	引循环水FCW至V161顶手动阀	0	
29	V704	控制阀FV149的旁路阀	0	
30	V705	控制阀FV150的旁路阀	0	
31	V706	控制阀FV151的旁路阀	0	
32	V707	控制阀PV133的旁路阀	0	
33	P160A/B	产品精制塔塔釜外输泵电机开关	关	
34	P161A/B	产品精制塔塔顶回流泵电机开关	关	
35	TG161	V161温度（现场温度数字指示仪）	25℃	
36	PG160	泵P160A出口压力现场数字指示仪	0.0 kPa	

注：确认阀门状态后请在表格对应位置打“√”。

3. DCS流程

（1）轻组分脱除塔单元

根据图4–4所示，完成下面的操作。

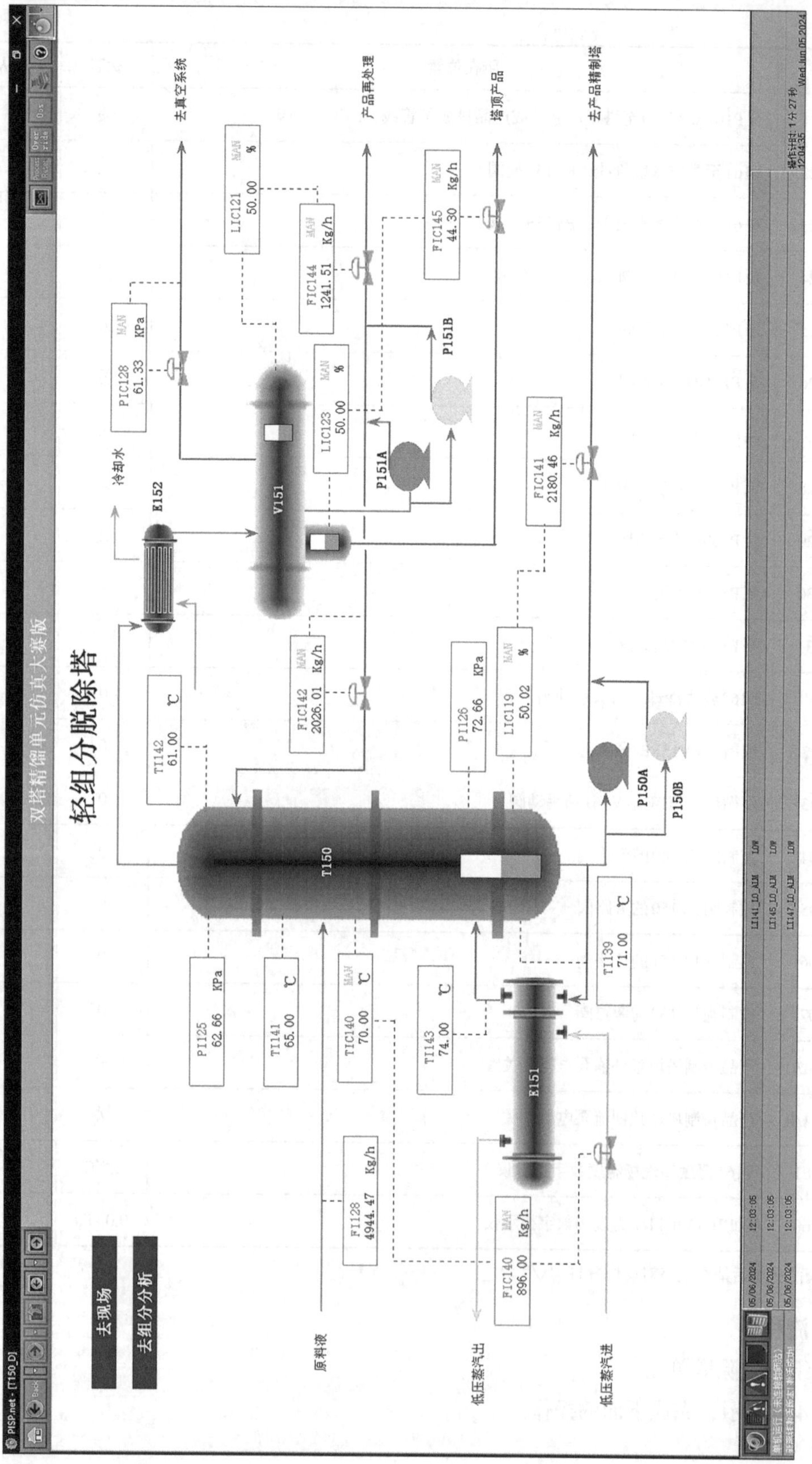

图4-4　轻组分脱除塔DCS界面

① 根据表4–5列出的轻组分脱除塔单元控制仪表及调节器，观察T150单元在正常操作过程中主要控制参数的变化情况，将所观察到的控制参数正常值填入表4–5中。

表4–5　轻组分脱除塔单元控制仪表及调节器

序号	位号	说明	正常值	单位	备注
1	LIC119	脱除塔釜液位			
2	LIC121	脱除塔回流罐油相液位			
3	LIC123	脱除塔回流罐水相液位			
4	TIC140	脱除塔灵敏板温度			
5	PIC128	脱除塔顶回流罐V151压力			
6	FIC140	LPS（低压蒸汽）至E151流量			
7	FIC141	T150至T160流量			
8	FIC142	V151至T150回流流量			
9	FIC144	脱除塔塔顶油相产品量			
10	FIC145	脱除塔塔顶水相产品量			

② 调整FIC140或FIC141，改变T150塔釜再沸器蒸汽或塔釜出料的流量，观察表4–5中哪些控制参数发生了变化，并解释发生变化的原因，从中你可以得出什么结论？

③ 调整FIC144和FIC145，改变冷凝罐V151中甲醇和水包出料的流量，观察表4–5中哪些控制参数发生了变化，并解释发生变化的原因，从中你可以得出什么结论？

（2）产品精制塔单元

根据图4–5所示，完成下面的操作。

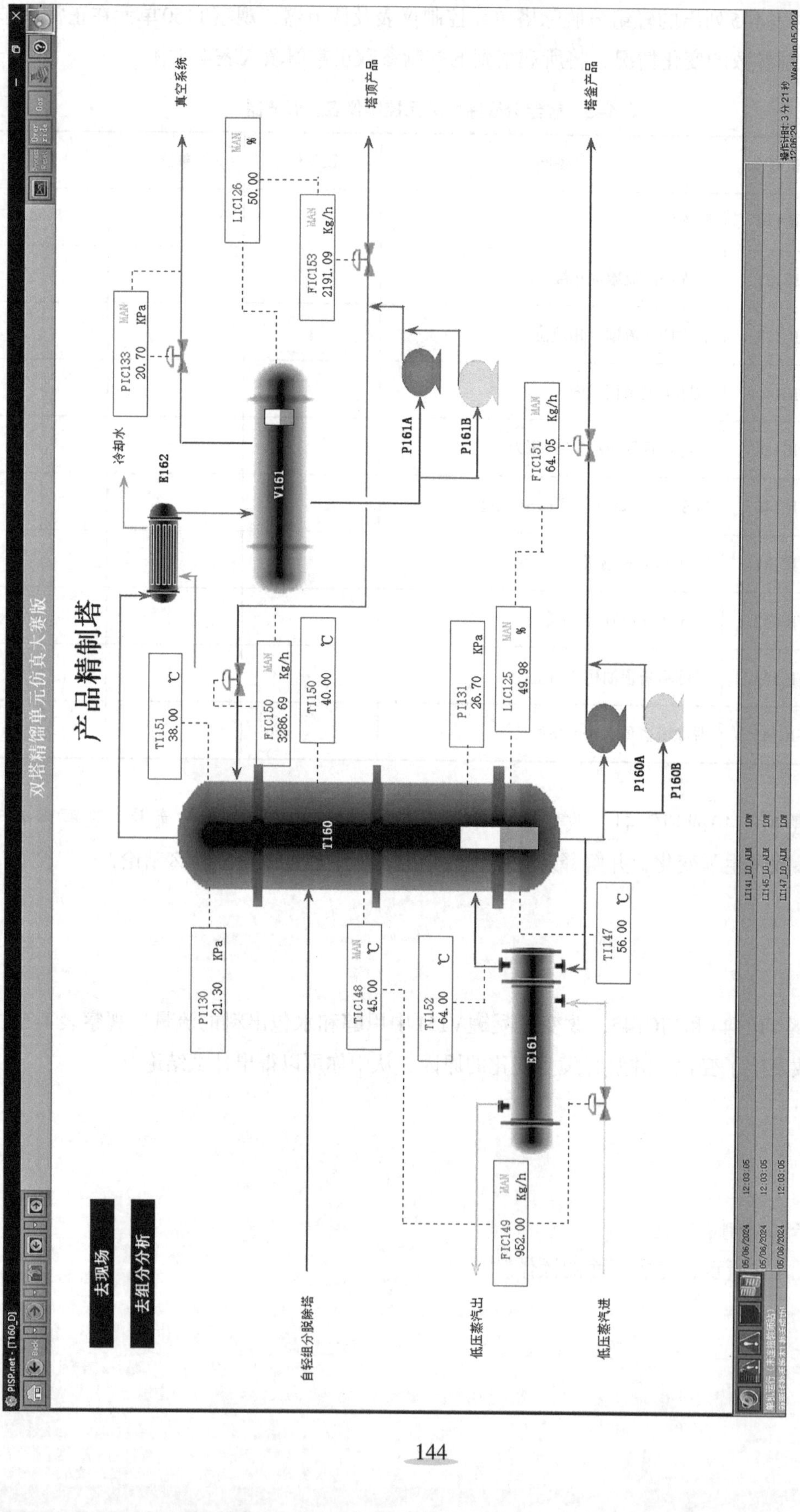

图4-5 产品精制塔DCS界面

① 根据表4–6列出的产品精制塔单元控制仪表及调节器，观察产品精制塔T160单元在正常操作过程中主要控制参数的变化情况，将所观察到的控制参数的正常值填入表4–6中。

表4–6　产品精制塔单元控制仪表及调节器

序号	位号	说明	正常值	单位	备注
1	LIC125	精制塔釜液位			
2	LIC126	精制塔回流罐液位			
3	TIC148	精制塔灵敏板温度			
4	PIC133	精制塔塔顶回流罐压力			
5	FIC149	低压蒸汽至E161流量			
6	FIC150	精制塔塔顶回流量			
7	FIC151	精制塔塔釜产品量			
8	FIC153	精制塔塔顶产品量			

② 调整FIC149或FIC151，改变T160塔釜再沸器蒸汽或塔釜出料的流量，观察表4–6中的哪些控制参数发生了变化，并解释发生变化的原因，从中你可以得出什么结论？

③ 调整FIC150和FIC153，改变凝液罐V161中回流和出料的流量，观察表4–6中的哪些控制参数发生了变化，并解释发生变化的原因，从中你可以得出什么结论？

三、任务实施

情景1　冷态开车仿真操作训练

1. 冷态开车仿真操作步骤

根据冷态开车仿真操作任务填写表4–7。

表4–7　双塔精馏单元冷态开车操作步骤

操作步骤	ID	分值	操作步骤说明	起始条件/终止条件
P0. 抽真空 （180分） 起始条件： ________ ________ 终止条件： ________ ________	S0	10	打开压力控制阀PV128的前阀VD617，给T150系统抽真空	
	S1	10	打开压力控制阀PV128的后阀VD618，给T150系统抽真空	
	S2	10	打开压力控制阀PV128，给T150系统抽真空，直到压力接近60 kPa	
	S3	10	打开压力控制阀PV133的前阀VD722，给T160系统抽真空	
	S4	10	打开压力控制阀PV133的后阀VD723，给T160系统抽真空	
	S5	10	打开压力控制阀PV133，给T160系统抽真空，直到压力接近20 kPa	
	S6	10	V151罐压力稳定在61.33 kPa后，将PIC128设置为自动	
	S7	10	V161罐压力稳定在20.7 kPa后，将PIC133设置为自动	
	S8	50	调节控制阀PV128的开度，控制V151罐压力为61.33 kPa	
	S9	50	调节控制阀PV133的开度，控制V161罐压力为20.7 kPa	
P1. T160、V161脱水 （120分） 起始条件： ________ ________	S0	10	打开阀VD711，引轻组分产品洗涤回流罐V161	
	S1	10	待V161液位达到10%后，打开P161A泵入口阀VD724	
	S2	10	启动P161A	
	S3	10	打开P161A泵的出口阀VD725	
	S4	10	打开控制阀FV150及其前、后阀（VD718、VD719），引轻组分洗涤T160	
	S5	10	待T160底部液位达到5%后，关闭轻组分进料阀VD711	
	S6	10	待V161中洗液全部引入T160后，关闭P161A泵的出口阀VD725	
	S7	10	关闭P161A	
	S8	10	关闭P161A泵的入口阀VD724	
	S9	10	关闭控制阀FV150	
	S10	10	打开VD706，将废洗液排出	
	S11	10	洗涤液排放完毕后，关闭VD706	
P2. 启动T150 （290分） 起始条件： ________ ________ 终止条件： ________ ________	S0	10	打开E152的冷却水阀V601，E152投用	
	S1	10	打开V405，进原料	
	S2	10	当T150底部液位达到25%后，打开P150A泵的入口阀	
	S3	10	启动P150A	
	S4	10	打开P150A泵的出口阀	
	S5	10	打开控制阀FV141及其前、后阀（VD605、VD606）	
	S6	10	打开手阀VD615，将T150底部物料排放至不合格罐，控制好塔液面	
	S7	10	打开控制阀FV140及其前、后阀（VD622、VD621），给E151引蒸汽	
	S8	10	待V151液位达到25%后，打开P151A泵的入口阀	
	S9	10	启动P151A	
	S10	10	打开P151A泵的出口阀	

（续表）

操作步骤	ID	分值	操作步骤说明	起始条件/终止条件
P2. 启动T150（290分）	S11	10	打开控制阀FV142及其前、后阀（VD602、VD603），给T150打回流	
	S12	10	打开控制阀FV144及其前、后阀（VD609、VD610）	
	S13	10	打开阀VD614，将部分物料排至不合格罐	
	S14	10	待V151水包液位达到25%后，打开FV145及其前、后阀（VD611、VD612），向轻组分萃取塔排放	
	S15	10	待T150操作稳定后，打开阀VD613	
	S16	10	同时关闭VD614，将V151物料从产品排放改至轻组分萃取塔釜	
	S17	10	关闭阀VD615	
	S18	10	同时打开阀VD616，将T150底部物料由至不合格罐改去T160进料	
	S19	50	控制TG151的温度为40℃	
	S20	50	控制塔底TI139的温度为71℃	
P3. 启动T160（270分） 起始条件： ________ ________ 终止条件： ________ ________	S0	10	打开阀V701，E162冷却器投用	
	S1	10	待T160液位达到25%后，打开P160A泵的入口阀	
	S2	10	启动P160A	
	S3	10	打开P160A泵的出口阀	
	S4	10	打开控制阀FV151及其前、后阀（VD716、VD717）	
	S5	10	同时打开VD707，将T160塔底物料送至不合格罐	
	S6	10	打开控制阀FV149及其前、后阀（VD702、VD703），向E161引蒸汽	
	S7	10	待V161液位达到25%后，打开回流泵P161A的入口阀	
	S8	10	启动回流泵P161A	
	S9	10	打开回流泵P161A的出口阀	
	S10	10	打开塔顶回流控制阀FV150，打回流	
	S11	10	打开控制阀FV153及其前、后阀（VD720、VD721）	
	S12	10	打开阀VD714，将V161中的物料送至不合格罐	
	S13	10	T160操作稳定后，关闭阀VD707	
	S14	10	同时打开阀VD708，将T160底部物料由至不合格罐改至分馏塔	
	S15	10	关闭阀VD714	
	S16	10	同时打开阀VD713，将合格产品由至不合格罐改至日罐	
	S17	50	控制TG161的温度为36℃	
	S18	50	控制塔底TI147的温度为56℃	

（续表）

操作步骤	ID	分值	操作步骤说明	起始条件/终止条件
P4. 调节至正常（250分） 起始条件： ________ ________ 终止条件： ________ ________	S0	10	待T150塔操作稳定后，将FIC142设置为自动	
	S1	10	设定FIC142为2 027 kg/h	
	S2	10	待T160塔操作稳定后，将FIC150设置为自动	
	S3	10	设定FIC150为3 287 kg/h	
	S4	10	待T150塔灵敏板温度接近70℃且操作稳定后，将TIC140设置为自动	
	S5	10	设定TIC140的温度为70℃	
	S6	10	FIC140投串级	
	S7	10	将LIC121设置为自动	
	S8	10	设定LIC121为50%	
	S9	10	FIC144投串级	
	S10	10	将LIC123设置为自动	
	S11	10	设定LIC123为50%	
	S12	10	FIC145投串级	
	S13	10	将LIC119设置为自动	
	S14	10	设定LIC119为50%	
	S15	10	FIC141投串级	
	S16	10	将LIC126设置为自动	
	S17	10	设定LIC126为50%	
	S18	10	FIC153投串级	
	S19	10	待T160塔灵敏板温度接近45℃且操作稳定后，将TIC148设置为自动	
	S20	10	设定TIC148的温度为45℃	
	S21	10	FIC149投串级	
	S22	10	将LIC125设置为自动	
	S23	10	设定LIC125为50%	
	S24	10	FIC151投串级	
P5. 提负荷，质量评定（700分） 起始条件： ________ ________	S0	50	控制TIC140的温度为70℃	
	S1	50	控制LIC119的液位在50%	
	S2	50	控制FIC141的流量并稳定在2 194.77 kg/h	
	S3	50	控制FIC142的流量并稳定在2 026.01 kg/h	
	S4	50	控制LIC123的液位在50%	
	S5	50	控制FIC145的流量并稳定在44.29 kg/h	
	S6	50	控制LIC121的液位在50%	

（续表）

操作步骤	ID	分值	操作步骤说明	起始条件/终止条件
P5. 提负荷，质量评定（700分）	S7	50	控制FIC144的流量并稳定在1 241.50 kg/h	
	S8	50	控制TIC148的温度为45℃	
	S9	50	控制LIC125的液位在50%	
	S10	50	控制FIC151的流量并稳定在64.04 kg/h	
	S11	50	控制FIC150的流量并稳定在3 286.67 kg/h	
	S12	50	控制LIC126的液位在50%	
	S13	50	控制FIC153的流量并稳定在2 191.08 kg/h	
P6. 扣分步骤	S0	50	T150塔釜液位严重超标	
	S1	30	T150塔釜液位过高	
	S2	50	T150塔釜液位过低	
	S3	50	V151油相液位严重超标	
	S4	30	V151塔釜液位过高	
	S5	50	V151塔釜液位过低	
	S6	50	V151水相液位严重超标	
	S7	30	V151水相液位过高	
	S8	50	V151水相液位过低	
	S9	50	T160塔釜液位严重超标	
	S10	30	T160塔釜液位过高	
	S11	50	T160塔釜液位过低	
	S12	50	V161液位严重超标	
	S13	30	V161液位过高	
	S14	50	V161液位过低	
	S15	20	脱除塔灵敏板温度过高	
	S16	20	脱除塔灵敏板温度过低	
	S17	20	精馏塔灵敏板温度过低	
	S18	20	精馏塔灵敏板温度过高	
	S19	20	脱除塔顶回流罐压力过高	
	S20	20	脱除塔顶回流罐压力过低	
	S21	20	精馏塔顶回流罐压力过高	
	S22	20	精馏塔顶回流罐压力过低	
	S23	10	P150A泵运行方式错误，损坏泵	
	S24	10	P150A泵运行方式错误，损坏泵	

（续表）

操作步骤	ID	分值	操作步骤说明	起始条件/终止条件
P6. 扣分步骤	S25	10	P150B泵运行方式错误，损坏泵	
	S26	10	P150B泵运行方式错误，损坏泵	
	S27	10	P151A泵运行方式错误，损坏泵	
	S28	10	P151A泵运行方式错误，损坏泵	
	S29	10	P151B泵运行方式错误，损坏泵	
	S30	10	P151B泵运行方式错误，损坏泵	
	S31	10	P160A泵运行方式错误，损坏泵	
	S32	10	P160A泵运行方式错误，损坏泵	
	S33	10	P160B泵运行方式错误，损坏泵	
	S34	10	P160B泵运行方式错误，损坏泵	
	S35	10	P161A泵运行方式错误，损坏泵	
	S36	10	P161A泵运行方式错误，损坏泵	
	S37	10	P161B泵运行方式错误，损坏泵	
	S38	10	P160B泵运行方式错误，损坏泵	

2. 工艺生产指标的调整方法

① 质量调节：本系统的质量调节采用以提馏段灵敏板温度作为主参数、以再沸器和加热蒸汽的流量的调节来实现对塔的分离质量控制。

② 压力控制：在正常的压力情况下，由塔顶回流罐气体排放量来调节压力，当压力高于操作压力时，调节阀开度增大，以实现压力稳定。

③ 液位调节：塔釜液位由调节塔釜的产品采出量来维持恒定，设有高低液位报警。回流罐液位由调节塔顶产品采出量来维持恒定，设有高低液位报警。

④ 流量调节：进料量和回流量都采用单回路的流量控制，再沸器加热介质流量由灵敏板温度调节。

3. 冷态开车操作记录与分析

操作结束后，在表4–8和表4–9中填写有关装置的实际工艺参数值，在表4–10中填写操作质量评价，并进行工艺分析，制定下次操作的改进方案。

（1）工艺参数

表4–8 脱除塔工艺参数记录

工艺参数		调节阀位号	控制指标	实际操作值				
				第1次	第2次	第3次	第4次	第5次
流量/（kg/h）	LPS至E151的流量	FIC140						
	T150至T160的流量	FIC141						

（续表）

工艺参数		调节阀位号	控制指标	实际操作值				
				第1次	第2次	第3次	第4次	第5次
流量/（kg/h）	V151至T150的回流流量	FIC142						
	脱除塔塔顶油相产品量	FIC144						
	脱除塔塔顶水相产品量	FIC145						
温度/℃	T150的塔顶温度	TI142						
	脱除塔进料段温度	TI141						
	脱除塔灵敏板温度	TIC140						
	脱除塔塔釜蒸气温度	TI143						
	T150塔釜的温度	TI139						
	V151的温度	TG151						
压力/kPa	T150的塔顶压力	PI125						
	T150的塔釜压力	PI126						
	V151的压力	PIC128						
液位/%	T150的塔釜液位	LIC119						

表4-9　精制塔工艺参数记录

工艺参数		调节阀位号	控制指标	实际操作值				
				第1次	第2次	第3次	第4次	第5次
温度/℃	T160的塔顶温度	TI151						
	精制塔进料段温度	TI150						
	精制塔灵敏板温度	TIC148						
	精制塔塔釜蒸气温度	TI152						
	T160的塔釜温度	TI147						
	V161的温度	TG161						
流量/（kg/h）	LPS至E161的流量	FIC149						
	V161至T160的回流流量	FIC150						
	精制塔塔釜产品流量	FIC151						
	精制塔塔顶产品流量	FIC153						
压力/kPa	T160的塔顶压力	PI130						
	T160的塔釜压力	PI131						
	V161的压力	PIC133						
液位/%	T160的塔釜液位	LIC125						

（2）质量评价

表4-10 双塔精馏单元仿真操作质量评价记录

操作成绩	应得分	实际得分				
		第1次	第2次	第3次	第4次	第5次
普通操作步骤得分	810					
质量操作步骤得分	1 000					
操作失误导致扣分	——					
实际总分	1 810					
百分制得分	100					
总用时（s）						

（3）操作分析

（4）实训操作总结

情景2　正常停车训练

启动仿真软件停车工况，完成双塔精馏的停车操作。

停车时，先要使T150降负荷，T160降负荷；再停进料和再沸器之后T150塔停回流，T160塔停回流；降温，系统打破真空。要求完成降负荷、停进料和再沸器、停回流、降温等操作，并认真填写工艺操作卡，成绩要在90分以上，建议操作时间30 min。具体情况见表4-11。

表4-11　停车训练表

操作步骤	ID	分值	操作步骤说明	质量指标/起始（终止）条件
P0. T150降负荷（150分）	S0	10	手动逐步关小调节阀V405，使进料降至正常进料量的70%	
	S1	30	保持灵敏板温度TIC140的稳定性	
	S2	30	保持塔压PIC128的稳定性	
	S3	10	关闭VD613，停止塔顶产品采出	
	S4	10	打开VD614，将塔顶产品排至不合格罐	
	S5	10	断开LIC121和FIC144的串级，手动开大FV144，使液位LIC121降至20%	
	S6	10	液位LIC121降至20%	
	S7	10	断开LIC123和FIC145的串级，手动开大FV145，使液位LIC123降至20%	
	S8	10	液位LIC123降至20%	
	S9	10	断开LIC119和FIC119的串级，手动开大FV141，使液位LIC119降至30%	
	S10	10	使液位LIC119降至30%	
P1. T160降负荷（100分）	S0	10	关闭VD616，停止塔釜产品采出	
	S1	10	打开VD615，将塔顶产品排至不合格罐	
	S2	10	关闭VD708，停止塔釜产品采出	
	S3	10	打开VD707，将塔顶产品排至不合格罐	
	S4	10	关闭VD713，停止塔顶产品采出	
	S5	10	打开VD714，将塔顶产品排至不合格罐	
	S6	10	断开LIC126和FIC153的串级，手动开大FV153，使液位LIC126降至20%	
	S7	10	使液位LIC126降至20%	
	S8	10	断开LIC125和FIC151的串级，手动开大FV151，使液位LIC125降至20%	
	S9	10	使液位LIC125降至30%	

（续表）

操作步骤	ID	分值	操作步骤说明	质量指标/起始（终止）条件
P2. 停进料和再沸器（70分）	S0	10	关闭调节阀V405，停进料	
	S1	10	断开FIC140和TIC140的串级，关闭调节阀FV140，停加热蒸汽	
	S2	10	关闭FV140的前截止阀VD622	
	S3	10	关闭FV140的后截止阀VD621	
	S4	10	断开FIC149和TIC148的串级，关闭调节阀FV149，停加热蒸汽	
	S5	10	关闭FV149的前截止阀VD702	
	S6	10	关闭FV149的后截止阀VD703	
P3. T150塔停回流（70分） 起始条件： T0：______	S0	10	手动开大FV142，将回流罐内液体全部打入精馏塔，以降低塔内温度	
	S1	10	当回流罐液位降至0%时，停回流，关闭调节阀FV142	
	S2	10	关闭FV104的前截止阀VD603	
	S3	10	关闭FV104的后截止阀VD602	
	S4	10	关闭泵P151A的出口阀VD624	
	S5	10	停泵P151A	
	S6	10	关闭泵P151A的入口阀VD623	
P4. T160塔停回流（70分） 起始条件： T0：______	S0	10	手动开大FV150，将回流罐内液体全部打入精馏塔，以降低塔内温度	
	S1	10	当回流罐液位降至0%时，停回流，关闭调节阀FV150	
	S2	10	关闭FV150的前截止阀VD719	
	S3	10	关闭FV150的后截止阀VD718	
	S4	10	关闭泵P161A的出口阀VD725	
	S5	10	停泵P161A	
	S6	10	关闭泵P161A的入口阀VD724	
P5. 降温（110分）	S0	10	关闭泵P150A的出口阀VD628	
	S1	10	T150底部物料排空后，停P150A	
	S2	10	关闭泵P150A的入口阀VD627	
	S3	10	待V151水包的水排净后将FV145关闭	
	S4	10	关闭FV145的前阀VD611	
	S5	10	关闭FV145的后阀VD612	
	S6	10	关闭泵P160A的出口阀VD729	
	S7	10	将T160底部物料排空后，停P160A	
	S8	10	关闭泵P160A的入口阀VD728	

（续表）

操作步骤	ID	分值	操作步骤说明	质量指标/起始（终止）条件
P5. 降温（110分）	S9	10	T150塔釜泄液完成	
	S10	10	T160塔釜泄液完成	
P6. 系统打破真空（60分） 起始条件： T0：____	S0	10	关闭控制阀PV128及其前、后阀	
	S1	10	关闭控制阀PV133及其前、后阀	
	S2	10	打开阀VD601，向V151充入LN	
	S3	10	打开阀VD704，向V161充入LN	
	S4	10	直至T150系统达到常压状态，关闭阀VD601，停LN	
	S5	10	直至T160系统达到常压状态，关闭阀VD704，停LN	
P7. 扣分步骤	S0	50	轻组分脱除塔塔釜液位过高	
	S1	50	产品精制塔塔釜液位过高	
	S2	50	V151两相分离罐油相液位过高	
	S3	50	V151两相分离罐水相液位过高	
	S4	50	产品精制塔塔顶冷凝罐液位过高	
	S5	50	液位超限：T150塔釜液位严重超高	
	S6	30	液位超限：T150塔釜液位过高	
	S7	50	液位超限：V151油相液位严重超标	
	S8	30	液位超限：V151塔釜液位过高	
	S9	50	液位超限：V151水相液位严重超标	
	S10	30	液位超限：V151水相液位过高	
	S11	50	液位超限：T160塔釜液位严重超标	
	S12	30	液位超限：T160塔釜液位过高	
	S13	50	液位超限：V161液位严重超标	
	S14	30	液位超限：V161液位过高	
	S15	20	泵P150A未开前阀先开泵	
	S16	20	泵P150B未开前阀先开泵	
	S17	20	泵P151A未开前阀先开泵	
	S18	20	泵P151B未开前阀先开泵	
	S19	20	泵P160A未开前阀先开泵	
	S20	20	泵P160B未开前阀先开泵	
	S21	20	泵P161A未开前阀先开泵	
	S22	20	泵P160B未开前阀先开泵	
	S23	10	P150A/B多台泵同时启用	

（续表）

操作步骤	ID	分值	操作步骤说明	质量指标/起始（终止）条件
P7. 扣分步骤	S24	10	P151A/B 多台泵同时启用	
	S25	10	P160A/B 多台泵同时启用	
	S26	10	P161A/B 多台泵同时启用	
	S27	10	FIC140 投自动后开副线运行	
	S28	10	FIC141 投自动后开副线运行	
	S29	10	FIC142 投自动后开副线运行	
	S30	10	FIC150 投自动后开副线运行	
	S31	10	FIC151 投自动后开副线运行	
	S32	10	FIC153 投自动后开副线运行	
	S33	50	T150违规排液	
	S34	50	T160违规排液	

情景3　事故处理

启动仿真软件事故处理工况，完成双塔精馏塔的事故处理操作。

本工艺涉及的事故有：停电、停冷却水、停加热蒸汽、回流泵故障、塔釜出料调节阀卡、原料液进料调节阀卡、加热蒸汽压力过高、回流控制阀卡、加热蒸汽压力过低、仪表风停、进料压力突然增大、回流罐液位超高等。物料中断及设备故障时造成界面上的参数变化均不相同，要求根据界面上参数的变化，对比正常值，快速分析出事故原因，做出相应的处理操作，并认真填写工艺操作卡，要求成绩均在90分以上。建议每个事故操作用时10 min。

双塔精馏单元仿真操作常见事故见表4-12，按照操作步骤训练后总结事故现象及分析事故原因并填到下表中。

表4-12　双塔精馏单元仿真操作常见事故及处理方法

事故1：停电

处理操作步骤	原因分析	主要现象
1. 停T150 （1）将PV128设置为手动 （2）打开低压氮气阀VD601 （3）关闭V405，停止进料 （4）将TIC140设置为手动 （5）将FIC140设置为手动 （6）关闭FV140，停止加热蒸汽 （7）关闭FV140的前截止阀VD622 （8）关闭FV140的后截止阀VD621 （9）将LIC119设置为手动 （10）将FIC141设置为手动		

（续表）

处理操作步骤	原因分析	主要现象
（11）关闭FIC141，停止产品采出 （12）关闭FV141的前截止阀VD605 （13）关闭FV141的后截止阀VD606 （14）将LIC121设置为手动 （15）将FIC144设置为手动 （16）关闭FIC144，停止产品采出 （17）关闭FV144的前截止阀VD609 （18）关闭FV144的后截止阀VD610 （19）打开塔釜泄液阀VD608 （20）关闭回流泵P151A的出口阀VD624 （21）关闭回流泵P151A的入口阀VD623 （22）关闭产品泵P150A的出口阀VD628 （23）关闭回流泵P150A的入口阀VD627 （24）当塔釜液位为零时，关闭VD608 （25）当塔顶压力降至常压，关闭冷凝器 （26）事故处理响应时间 2. 停T160 （1）将PV133设置为手动 （2）打开低压氮气阀VD704 （3）关闭VD616，停止进料 （4）将TIC148设置为手动 （5）将FIC149设置为手动 （6）关闭FV149，停止加热蒸汽 （7）关闭FV149的前截止阀VD702 （8）关闭FV149的后截止阀VD703 （9）将LIC125设置为手动 （10）将FIC151设置为手动 （11）关闭FIC151，停止产品采出 （12）关闭FV151的前截止阀VD716 （13）关闭FV151的后截止阀VD717 （14）将LIC126设置为手动 （15）将FIC153设置为手动 （16）关闭FIC153，停止产品采出 （17）关闭FV153的前截止阀VD720 （18）关闭FV153的后截止阀VD721 （19）打开塔釜泄液阀VD706 （20）关闭回流泵P161A的出口阀VD725 （21）关闭回流泵P161A的入口阀VD724 （22）关闭产品泵P160A的出口阀VD729 （23）关闭回流泵P160A的入口阀VD728 （24）当塔釜液位为零时，关闭VD706 （25）当塔顶压力降至常压，关闭冷凝器		

（续表）

事故2：停冷却水

处理操作步骤	原因分析	主要现象
1. 停T150 （1）将PV128设置为手动 （2）打开低压氮气阀VD601 （3）关闭V405，停止进料 （4）将TIC140设置为手动 （5）将FIC140设置为手动 （6）关闭FV140，停止加热蒸汽 （7）关闭FV140的前截止阀VD622 （8）关闭FV140的后截止阀VD621 （9）将LIC119设置为手动 （10）将FIC141设置为手动 （11）关闭FIC141，停止产品采出 （12）关闭FV141的前截止阀VD605 （13）关闭FV141的后截止阀VD606 （14）将LIC121设置为手动 （15）将FIC144设置为手动 （16）关闭FIC144，停止产品采出 （17）关闭FV144的前截止阀VD609 （18）关闭FV144的后截止阀VD610 （19）打开塔釜泄液阀VD608 （20）关闭回流泵P151A的出口阀VD624 （21）关闭回流泵P151A （22）关闭回流泵P151A的入口阀VD623 （23）关闭产品泵P150A的出口阀VD628 （24）关闭产品泵P150A （25）关闭回流泵P150A的入口阀VD627 （26）当塔釜液位为零时，关闭VD608 （27）当塔顶压力降至常压，关闭冷凝器 （28）事故处理响应时间 2. 停T160 （1）将PV133设置为手动 （2）打开低压氮气阀VD704 （3）关闭VD616，停止进料 （4）将TIC148设置为手动 （5）将FIC149设置为手动 （6）关闭FV149，停止加热蒸汽 （7）关闭FV149的前截止阀VD702 （8）关闭FV149的后截止阀VD703 （9）将LIC125设置为手动 （10）将FIC151设置为手动 （11）关闭FIC151，停止产品采出 （12）关闭FV151的前截止阀VD716		

（续表）

处理操作步骤	原因分析	主要现象
（13）关闭FV151的后截止阀VD717 （14）将LIC126设置为手动 （15）将FIC153设置为手动 （16）关闭FIC153，停止产品采出 （17）关闭FV15的3前截止阀VD720 （18）关闭FV153的后截止阀VD721 （19）打开塔釜泄液阀VD706 （20）关闭回流泵P161A的出口阀VD725 （21）关闭回流泵P161A （22）关闭回流泵P161A的入口阀VD724 （23）关闭产品泵P160A的出口阀VD729 （24）关闭产品泵P160A （25）关闭回流泵P160A入口阀VD729 （26）当塔釜液位为零时，关闭VD706 （27）当塔顶压力降至常压，关闭冷凝器		

事故3：停加热蒸汽

处理操作步骤	原因分析	主要现象
1. 停T150 （1）将PV128设置为手动 （2）打开低压氮气阀VD601 （3）关闭V405，停止进料 （4）将TIC140设置为手动 （5）将FIC140设置为手动 （6）关闭FV140，停止加热蒸汽 （7）关闭FV140的前截止阀VD622 （8）关闭FV140的后截止阀VD621 （9）将LIC119设置为手动 （10）将FIC141设置为手动 （11）关闭FIC141，停止产品采出 （12）关闭FV141的前截止阀VD605 （13）关闭FV141的后截止阀VD606 （14）将LIC121设置为手动 （15）将FIC144设置为手动 （16）关闭FIC144，停止产品采出 （17）关闭FV144的前截止阀VD609 （18 ）关闭FV144的后截止阀VD610 （19）打开塔釜泄液阀VD608 （20）关闭回流泵P151A的出口阀VD624 （21）关闭回流泵P151A的入口阀VD623 （22）关闭产品泵P150A的出口阀VD628 （23）关闭回流泵P150A的入口阀VD627 （24）当塔釜液位为零时，关闭VD608 （25）当塔顶压力降至常压，关闭冷凝器		

（续表）

处理操作步骤	原因分析	主要现象
（26）事故处理响应时间 2. 停T160 （1）将PV133设置为手动 （2）打开低压氮气阀VD704 （3）关闭VD616，停止进料 （4）将TIC148设置为手动 （5）将FIC149设置为手动 （6）关闭FV149，停止加热蒸汽 （7）关闭FV149的前截止阀VD702 （8）关闭FV149的后截止阀VD703 （9）将LIC125设置为手动 （10）将FIC151设置为手动 （11）关闭FIC151，停止产品采出 （12）关闭FV151的前截止阀VD716 （13）关闭FV151的后截止阀VD717 （14）将LIC126设置为手动 （15）将FIC153设置为手动 （16）关闭FIC153，停止产品采出 （17）关闭FV153的前截止阀VD720 （18）关闭FV153的后截止阀VD721 （19）打开塔釜泄液阀VD706 （20）关闭回流泵P161A的出口阀VD725 （21）关闭回流泵P161A的入口阀VD724 （22）关闭产品泵P160A的出口阀VD729 （23）关闭回流泵P160A的入口阀VD729 （24）当塔釜液位为零时，关闭VD706 （25）当塔顶压力降至常压，关闭冷凝器		

事故4：回流泵故障

处理操作步骤	原因分析	主要现象
1. 回流泵故障 （1）开备用泵入口阀VD629 （2）启动备用泵P150B （3）开备用泵出口阀VD630 （4）关泵出口阀VD628 （5）停泵P150A （6）关泵入口阀VD627 （7）事故处理响应时间 2. 质量指标 （1）塔顶压力 （2）塔釜液位		

（续表）

事故5：塔釜出料调节阀卡

处理操作步骤	原因分析	主要现象
1. 塔釜出料调节阀FV151阀卡 （1）将FIC151设为手动模式 （2）关闭FV151的前截止阀VD716 （3）关闭FV151的后截止阀VD717 （4）打开FV151的旁通阀V706，维持塔釜液位 （5）事故处理响应时间 2. 质量指标 调整阀V706，把塔釜液位维持在50%		

事故6：原料液进料调节阀卡

处理操作步骤	原因分析	主要现象
1. 原料液进料调节阀FV101阀卡 （1）将FIC141设为手动模式 （2）关闭FV141的前截止阀VD605 （3）关闭FV141的后截止阀VD606 （4）打开FV141的旁通阀V608，维持塔釜液位 （5）事故处理响应时间 2. 质量指标 （1）塔釜液位维持在50% （2）产品精制塔进料流量维持在2 195 kg/h		

事故7：加热蒸汽压力过高

处理操作步骤	原因分析	主要现象
（1）将FIC140改为手动调节 （2）将TIC140改为手动调节 （3）减小调节阀FV140的开度 （4）待温度稳定后，将FIC140改为自动调节，将FIC140设定为896 kg/h （5）将FIC149改为手动调节 （6）将TIC148改为手动调节 （7）减小调节阀FV149的开度 （8）待温度稳定后，将FIC149改为自动调节，将FIC140设定为952 kg/h （9）质量指标：灵敏塔板温度TIC140 （10）质量指标：灵敏塔板温度TIC148 （11）事故处理响应时间		

（续表）

事故8：回流控制阀卡

处理操作步骤	原因分析	主要现象
1. 回流量调节阀FV150阀卡 （1）将FIC150设为手动模式 （2）关闭FV150的前截止阀VD719 （3）关闭FV150的后截止阀VD718		
（4）打开旁通阀V705，保持回流 （5）事故处理响应时间 2. 质量指标 （1）塔顶压力PIC133 （2）塔釜温度TI147（3）回流量FIC150		

事故9：加热蒸汽压力过低

处理操作步骤	原因分析	主要现象
（1）将FIC140改为手动调节 （2）将TIC140改为手动调节 （3）增加调节阀FV140的开度 （4）待温度稳定后，将FIC140改为自动调节，将FIC140设定为896 kg/h （5）将FIC149改为手动调节 （6）将TIC148改为手动调节 （7）增加调节阀FV149的开度 （8）待温度稳定后，将FIC149改为自动调节，将FIC140设定为952 kg/h （9）质量指标：灵敏塔板温度TIC140 （10）质量指标：灵敏塔板温度TIC148 （11）事故处理响应时间		

事故10：仪表风停

处理操作步骤	原因分析	主要现象
（1）打开FV140的旁通阀V602 （2）打开FV141的旁通阀V608 （3）打开FV145的旁通阀V605 （4）打开FV144的旁通阀V604 （5）打开PV128的旁通阀V607 （6）打开FV142的旁通阀V606 （7）打开FV149的旁通阀V704 （8）打开FV151的旁通阀V706 （9）打开FV150的旁通阀V705 （10）打开FV153的旁通阀V702		

（续表）

处理操作步骤	原因分析	主要现象
（11）打开PV133的旁通阀V707 （12）关闭PV133的前截止阀VD722 （13）关闭PV133的后截止阀VD723 （14）关闭FV153的前截止阀VD720 （15）关闭FV153的后截止阀VD721 （16）关闭FV151的前截止阀VD716 （17）关闭FV151的后截止阀VD717 （18）调节旁通阀，使V151罐压力为61.33 kPa （19）调节旁通阀，使V161罐压力为20.7 kPa （20）调节旁通阀，使FIC142流量稳定在2 026.01 kg/h （21）调节旁通阀，使FIC150流量稳定在3 286.67 kg/h （22）调节旁通阀，使TIC140温度为70℃ （23）调节旁通阀，使TIC148温度45℃ （24）调节旁通阀，使LIC119液位在50% （25）调节旁通阀，使LIC123液位在50% （26）调节旁通阀，使LIC121液位在50% （27）调节旁通阀，使LIC125液位在50% （28）调节旁通阀，使LIC126液位在50% （29）事故处理响应时间		

事故11：进料压力突然增大

处理操作步骤	原因分析	主要现象
（1）调节V405的开度，使原料液进料达到正常值 （2）原料液进料流量稳定在4 944 kg/h （3）事故处理响应时间		

事故12：回流罐液位超高

处理操作步骤	原因分析	主要现象
（1）将FIC144设为手动模式 （2）开大阀FV144 （3）打开泵P151B的前阀VD625 （4）启动泵P151B （5）打开泵P151B的后阀VD626 （6）当FIC144液位接近正常液位时，关闭泵P151B的后阀VD626 （7）关闭泵P151B （8）关闭泵P151B的前阀VD625 （9）将FIC142设为手动模式 （10）及时调整FV142，将流量控制在2 026 kg/h左右		

（续表）

处理操作步骤	原因分析	主要现象
（11）及时调整阀FV144，使回流罐液位LIC121稳定在50% （12）LIC121稳定在50%后，将FIC144设为串级 （13）FIC142最后稳定在2 026 kg/h后，将FIC142设为自动 （14）将FIC142的设定值设为2 026 kg/h （15）事故处理响应时间		

【学习诊断】

选择题

1. T150塔的作用是（　　）。

A. 分离丙烯酸　　B. 精制丙烯酸甲酯

C. 分离丙烯酸甲酯和丙烯酸　　D. 从塔顶除去微量甲醇及水

2. T160塔的作用是（　　）。

A. 精制丙烯酸　　B. 精制丙烯酸甲酯

C. 分离丙烯酸甲酯和丙烯酸　　D. 分离丙烯酸甲酯和甲醇

3. T160的操作温度、压力、进料、回流量均正常，但塔顶回流罐液位很少，最先应该检查的是（　　）。

A. 塔釜再沸器蒸汽量　　B. 塔顶冷凝器冷却水是否打开或开得太小

C. 回流罐是否漏液　　D. 真空度是否太大

4. T160酯提纯塔的塔釜产品量很少是因为（　　）。

A. 进料中丙烯酸的量很少　　B. 进料中丙烯酸甲酯的量很少

C. T160塔的进料较少　　D. T160塔的塔釜液位过低

5. 有关大型生产装置的正常开车，以下描述错误的是（　　）。

A. 化工物料投料试车前，必须要进行试车准备、单机试车和联动试车

B. 正式投料生产前，必须进行化工物料投料试车

C. 联动试车后，即可进行化工物料投料生产

D. 试车前要做好充分的试车准备

6. 化工厂常用的加热剂是（　　）。

A. 导热油　　B. 饱和水蒸气　　C. 天然气燃烧加热　　D. 煤炭燃烧加热

7. 蒸汽长距离输送，必须安装（　　）。

A. 蒸汽减压阀　　B. 疏水器　　C. 膨胀节　　D. 疏水器和膨胀节

8. 在装置的工艺流程中安装安全阀的目的是（　　）。

A. 控制流量的剧烈波动

B. 控制温度的剧烈波动

C. 控制压力的剧烈波动

D. 当系统压力超过装置的设计压力时起保护作用

9. 在使用蒸汽的场合，其管线上一般安装有（　　）。

A. 安全阀　　B. 疏水器　　C. 闸阀　　D. 止回阀

附录

参 考 答 案

项 目 一

任务1

一、选择题

1. B　2. A　3. C　4. C　5. A　6. B　7. C　8. C　9. C

二、判断题

1. ×　2. ×　3. ×　4. √　5. √

任务2

一、选择题

1. D　2. A　3. C　4. C　5. D　6. B　7. A　8. A　9. B　10. C　11. B　12. D
13. D　14. A　15. C

二、判断题

1. √　2. ×　3. √　4. ×　5. ×　6. ×　7. √　8. ×　9. ×　10. ×

任务3

一、选择题

1. A　2. D　3. D　4. A　5. B　6. C　7. D　8. A　9. D

二、判断题

1. √　2. √　3. ×　4. √　5. √　6. √

任务4

一、选择题

1. B　2. B　3. B　4. D　5. D　6. C　7. A　8. D　9. C　10. B　11. C　12. B
13. A　14. D　15. A　16. B　17. C　18. A　19. B　20. B　21. A　22. C　23. A　24. A
25. B　26. B

二、判断题

1. √　2. ×　3. ×　4. ×　5. √　6. √　7. ×　8. √

任务5

一、填空题

1. 吹扫，装、拆盲板，试压，塔的水运，干燥，置换
2. 加压，卸压

3. 平整，水平

4. 氮气，水蒸气，二氧化碳

二、选择题

1. A　2. C　3. B　4. B　5. B

三、判断题

1. √　2. √　3. √　4. √　5. √

项目二

略

项目三

一、填空题

1. 4.25 MPa　2. TC101　3. 升高　4. LC101　5. PC1013

二、选择题

1. ACD　2. A　3. ABD　4. BC　5. AB　6. BC　7. C　8. B　9. A　10. B

三、判断题

1. ×　2. ×　3. √　4. √　5. √

项目四

选择题

1. D　2. B　3. C　4. A　5. C　6. B　7. D　8. D　9. B

参考文献

[1] 张浩勤，陆美娟，张婕．化工原理：下册[M]．4版．北京：化学工业出版社，2023.

[2] 陈长贵，柴诚敬，姚玉英．化工原理：下册[M]．3版．天津：天津大学出版社，2010.

[3] 刘媛．传质分离技术[M]．3版．北京：化学工业出版社，2020.

[4] 张甲，张立新，王宏．传质分离技术[M]//化工原理：下册．3版．北京：化学工业出版社，2021.

[5] 樊亚娟，薛叙明．化工仿真操作实训[M]．北京：化学工业出版社，2023.

[6] 陈群．化工仿真操作实训[M]．3版．北京：化学工业出版社，2023.

[7] 徐宏，时光霞．化工生产仿真实训[M]．2版．北京：化学工业出版社，2014.

[8] 杨百梅，刁香，赵世霞．化工仿真：实训与指导[M]．3版．北京：化学工业出版社，2020.

读书笔记

读书笔记

读书笔记

读书笔记

读书笔记

读书笔记

读书笔记

读书笔记